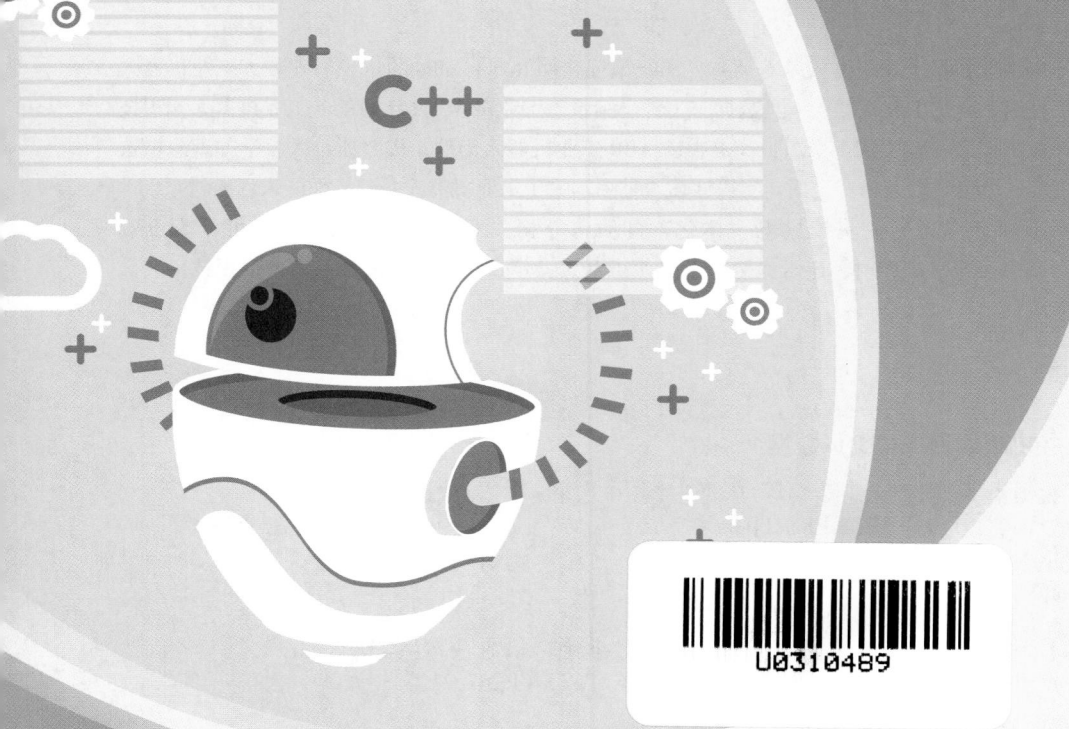

U0310489

"十四五"职业教育国家规划教材

"十三五"职业教育国家规划教材
职业教育工业机器人技术应用专业"十三五"规划系列教材

工业机器人
操作与基础编程

GONGYE JIQIREN CAOZUO YU JICHU BIANCHENG

郑 直◎主 编
葛华江◎副主编

中国铁道出版社有限公司
CHINA RAILWAY PUBLISHING HOUSE CO., LTD.

内 容 简 介

本书主要包括工业机器人基本认知、离线编程软件 RobotStudio 的认识与安装、工业机器人的手动操纵、创建工业机器人工具数据与工件坐标系、工业机器人 I/O 通信、工业机器人编程技术和工业机器人编程实例 7 个项目。书中以 ABB 工业机器人为例，按照项目式教学的理念精选教学内容，取材新颖，内容全面，实操性强，是一本关于工业机器人基础操作的入门教材。

本书适合作为职业院校机电一体化、自动化等相关专业的教学用书，也可作为工业机器人基础操作培训教材，还可作为从事工业机器人操作、编程、调试等工作的工程技术人员的参考用书。

图书在版编目（CIP）数据

工业机器人操作与基础编程/郑直主编.—北京：中国铁道出版社有限公司，2019.8（2024.8重印）

职业教育工业机器人技术应用专业"十三五"规划系列教材

ISBN 978-7-113-25634-0

Ⅰ.①工… Ⅱ.①郑… Ⅲ.①工业机器人–操作–职业教育–教材
②工业机器人–程序设计–职业教育–教材　Ⅳ.①TP242.2

中国版本图书馆CIP数据核字（2019）第115667号

书　名：	工业机器人操作与基础编程
作　者：	郑　直

策　划：	李中宝　尹　娜	编辑部电话：（010）83527746
责任编辑：	尹　娜　邬郑希	
封面设计：	刘　颖	
责任校对：	张玉华	
责任印制：	樊启鹏	

出版发行：	中国铁道出版社有限公司（100054，北京市西城区右安门西街 8 号）
网　　址：	https://www.tdpress.com/51eds/
印　　刷：	河北宝昌佳彩印刷有限公司
版　　次：	2019 年 8 月第 1 版　2024 年 8 月第 7 次印刷
开　　本：	787 mm×1 092 mm　1/16　印张：9.75　字数：163 千
书　　号：	ISBN 978-7-113-25634-0
定　　价：	39.80 元

序

随着制造产业的转型升级、工业4.0的推进，工业机器人的应用呈逐年快速增长态势。为认真贯彻落实《中国制造2025》和关于加快发展现代职业教育的决定，加快建设现代职业教育体系，推进职业教育改革发展，2012年，上海信息技术学校顺应技术的变迁，向上海市教委申办工业机器人技术应用专业，并于2013年招收第一届工业机器人技术应用专业学生。2014年，学校成功申报上海市职业教育现代控制技术开放实训中心，以工业机器人技术应用实训设施为主，次年10月完成建设任务。2017年以"面向智能制造的专业创新模式与实践——以工业机器人应用与维护方向为例"获得上海市职业教育教学成果一等奖。

在经过一轮教学实践后，学校面临着专业师资、实训设备、课程体系、培训认证等资源缺乏的难题，特别是教材、教学资源严重匮乏，阻碍了人才培养的进程，因此，开发课程资源，编写适合职业教育的专业教材，成为当务之急。经过两年左右的准备，学校成立工业机器人技术应用专业教材编委员，特聘机器人企业专家和职教专家，组成了编写团队。本系列教材以工业机器人系统操作和维护为侧重角度，采用项目引领、任务驱动模式编写，精心设计教材内容，配套完整的课程辅助资源，实现教材立体化。

本系列教材以典型工业机器人应用实例向读者介绍了工业机器人技术应用领域的系统技能，面向中、高职学生和工业机器人系统操作员、工业机器人运维人员，介绍了使用示教器、操作面板等人机交互设备及相关机械工具，对工业机器人、工业机器人工作站或系统进行装配、编程、调试、工艺参数更改、工装夹具更换及其他辅助作业，也着重介绍了使用工具、量具、检测仪器及设备，对工业机器人、工业机器人工作站或系统进行数据采集、状态监测、故障分析与诊断、维修及预防性维护与保养作业等内容。

　　由于工业机器人技术应用专业是一个全新的领域，我们也是边学边写，书中难免有不当之处，请各位读者批评指正。最后感谢上海市教委教学研究室袁笑老师和台湾师范大学戴建耘老师的大力支持，感谢为本系列教材制作了教学视频资源的上海优信教育科技有限公司。

王珺萩

2019年5月于上海

前　言

2015年3月25日，国务院常务会议部署"中国制造2025"，会议指出，顺应"互联网+"的发展趋势，以信息化与工业化深度融合为主线，重点发展高档数控机床和机器人等十大领域。据工信部《关于推进工业机器人产业发展的指导意见》，到2020年，工业机器人装机量将达到100万台以上。工业机器人产业的发展急需大量的工业机器人应用人才，我国的工业机器人应用人才培养刚处于起步阶段，相关专业的开设还在探索阶段，工业机器人的相关教材亟待开发。

"工业机器人操作与基础编程"是为工业机器人技术专业开设的一门专业核心基础课。其前导课程主要有"电气控制技术""可编程控制器技术应用"等，后续课程包括"工业机器人系统安装调试""工业机器人工作站维护保养"等。本书集合工业机器人技术应用专业教学资源成果，针对相关行业岗位需求分析，将知识点和技能点融入项目任务中。在编写过程中，以职业教育课程内容为主，注重任务实施，方便开展教学。其中与教材配套的课程资源开发包括课件、视频、习题等一系列资源。

本教材由上海信息技术学校、广东三向教学仪器制造有限公司和中国铁道出版社有限公司等校企联合开发。由上海信息技术学校郑直任主编，上海信息技术学校葛华江任副主编，参与编写的还有苏州工业园区工业技术学校刘凯、上海信息技术学校唐江微和杨利静等。

由于编者水平有限，书中遗漏和不妥之处在所难免，欢迎各位读者批评指正。在编写过程中，编者参考了国内外相关资料，在此向原作者表示衷心的感谢。

编　者

2019年1月

目　录

项目一
工业机器人基本认知

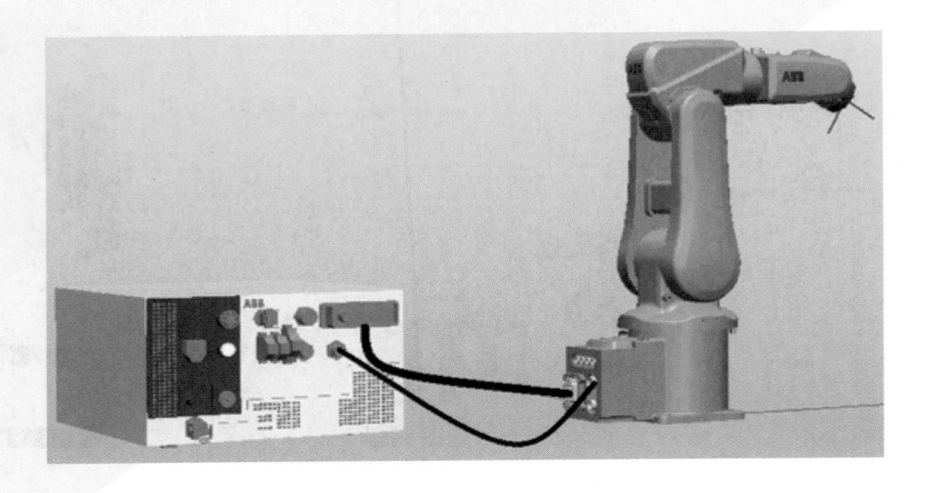

　　工业机器人是一种能自动定位控制并可重新编程，自动执行工作的多功能机器。它有多个自由度，可用来搬运材料、零件，握持工具，以完成各种不同的作业。

　　工业机器人对于新兴产业的发展和传统产业的转型都起着非常重要的作用。目前工业机器人在生产中应用范围越来越广，本项目将带领读者进入工业机器人的世界！

📖 知识导图

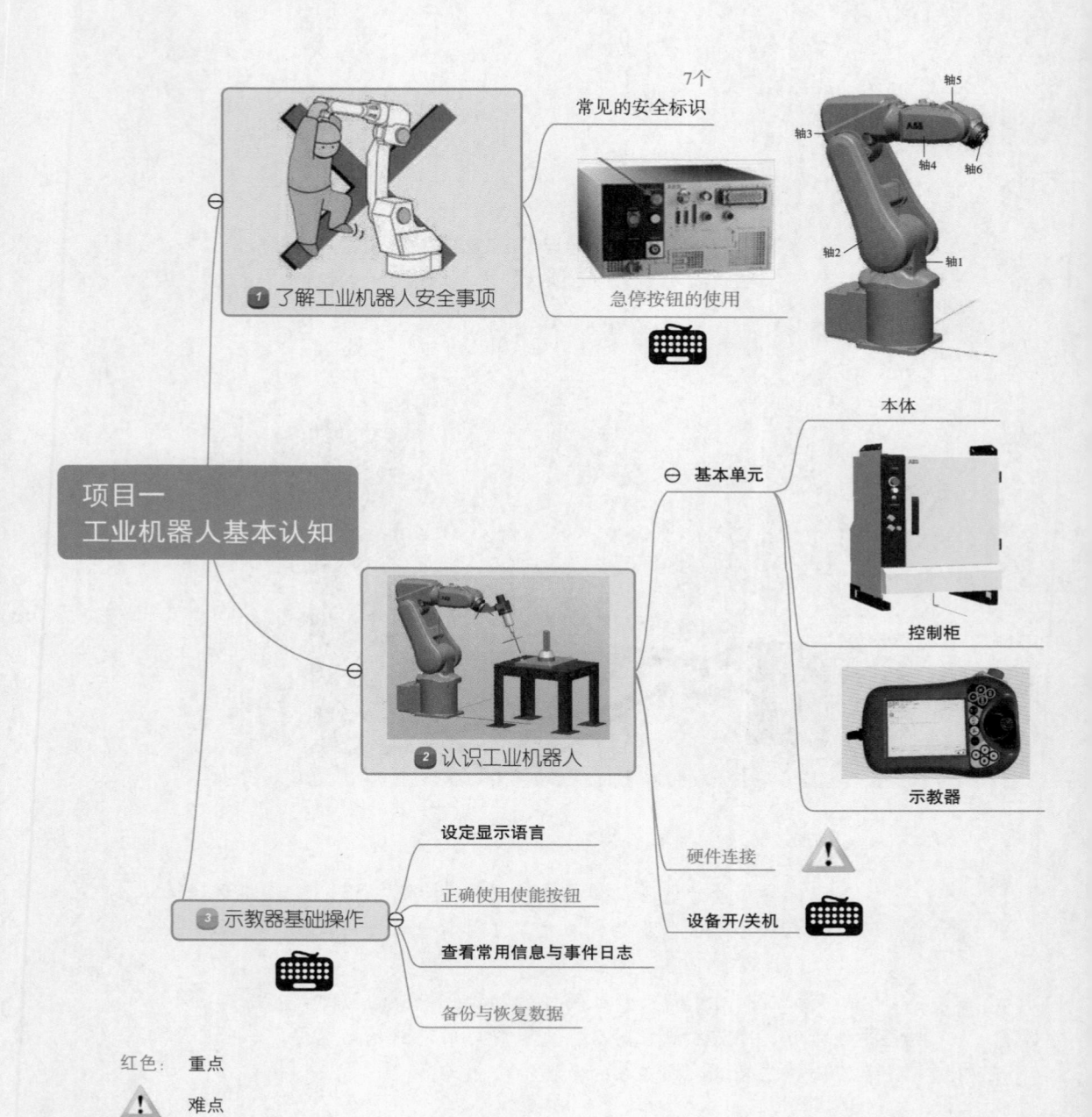

常见的安全标识　7个

急停按钮的使用

轴5
轴3　轴4　轴6
轴2　轴1

1　了解工业机器人安全事项

本体

基本单元

控制柜

示教器

项目一
工业机器人基本认知

2　认识工业机器人

硬件连接

设备开/关机

设定显示语言

正确使用使能按钮

3　示教器基础操作

查看常用信息与事件日志

备份与恢复数据

红色：　重点

⚠️　难点

⌨️　操作

任务一　了解工业机器人安全事项

情景导入

曾经，在日本川崎重工业公司明石工厂，有一名修理工人，无意中触动了工业机器人的启动按钮，这个加工齿轮的工业机器人立即开始工作，误将工人当成齿轮夹起，放在加工台上酿成事故。现在工厂线上运用工业机器人越来越多，并且工业机器人的系统复杂、危险性大，为此操作人员必须在注意现有生产安全的基础上，了解工业机器人的操作规范。

学习目标

知识与能力目标	1. 能够看懂常见的安全标识。 2. 能够正确操作急停按钮。 3. 了解工业机器人在安装调试操作过程中的安全注意事项
素养目标	1. 通过学习安全标识和操作急停按钮，能够增强安全操作意识。 2. 通过了解操作安全注意事项，养成做事认真仔细的习惯

任务描述

由于工业机器人在空间内动作，其运动范围为危险场所，故工业机器人的安全管理者，以及从事安装、操作、维修的工作人员要注意安全第一，在确保自己自身安全及相关人员的安全后方可操作。

任务分析

本任务主要学习工业机器人的安全注意事项，先要能看懂各种常见的安全标识，然后对于设备上关键的按钮，比如急停按钮等，加强练习，熟练使用。

工业机器人安全事项

 **任务实施**

1. 认知常见的安全标识（见表 1-1）

表1-1　常见的安全标识

图标	安全警示	释义
⚠	危险	警告：误操作时有危险，可能会发生事故，导致严重的人员伤害和 / 或产品损坏
🚫	禁止	一般与其他标识组合使用，标识禁止的事项；否则会引起人员伤害、设备故障、元件损坏或设备不能正常使用等情况
❗	强制	必须遵守的事项
⚠	警告	如果不依照说明操作，可能会发生事故，造成严重的伤害（可能致命）和 / 或重大的产品损坏。主要起提示、提醒作用
⚡	电击	带电警示：不按操作使用可能引起触电等伤害
❗	小心	警告提醒，如果不依照说明操作，可能会造成伤害或事故
ℹ	注意	描述一些重要的事实和条件，提醒特别关注

2. 掌握急停按钮的使用方法

在工业机器人设备配置中，为使设备安全运行，在工业机器人的控制柜和示教器上，都配置了急停按钮，如图 1-1 所示，主要在设备遇到紧急情况时使用。

急停按钮

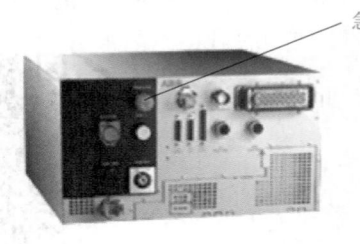
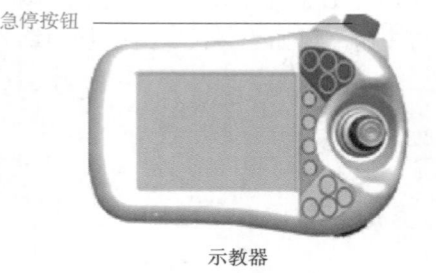

控制柜　　　　　　　　　　　　　示教器

图1-1　工业机器人设备配置中的急停按钮

急停按钮外观为红色，自锁旋放式结构，使用时按下，旋转复位，如图1-2所示。

（a）使用时按下　　　　　　　（b）旋转复位

图1-2　急停按钮的外观

3. 掌握安全操作注意事项

（1）安装设备

为保证安全，在安装连接设备时，请安装前一定要阅读、理解"工业机器人操作手册"，并严格遵循；连接线缆要符合设备要求，安装固定设备一定要牢靠；严禁强制性扳动工业机器人运动轴及倚靠工业机器人或控制柜，禁止随意按动操作键等，如图1-3所示为操作工业机器人的违规案例。

（a）强制性扳动工业机器人运动轴　　　（b）倚靠控制柜　　　　（c）随意按动操作键

图1-3　操作工业机器人的违规案例

（2）调试设备

工业机器人调试前一定要严格检查。在调试设备时确保工业机器人行程范围内无人员及碰撞物，保证作业区内安全，如图1-4所示为工业机器人的运动范围。

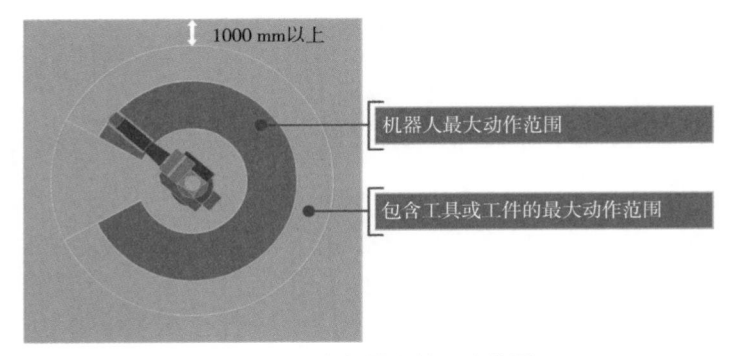

图1-4　工业机器人的运动范围

（3）安全用电

①工业机器人配电必须按说明书要求配置，不得私自减少配电要求。

②电气系统必须接地。

③在设备断电 5 min 内，不得接触工业机器人控制器或插拔工业机器人连接线。

④在维护或检修设备时，要按操作顺序断开各级电源，确保安全后方可操作。

⑤禁止在用电安全警示区域触摸和操作。

⑥每次设备上电前要检查设备及线缆，若线缆有破损或老化现象要及时更换，不得带伤运行。

任务评价

对任务实施的情况进行评价，见表 1–2。

表1–2 任务评价表

序号	主要内容	考核要求	评分标准	配分	得分
1	安全标识认知	认识常见的安全标识	安全标识有 1 处不认识扣 5 分	30	
2	急停按钮的使用	知道急停按钮的位置并掌握其使用方法	1. 不知道急停按钮的位置，扣 10 分。 2. 急停按钮使用不熟练扣 10 分	30	
3	安全操作注意事项	掌握安装设备、调试设备时的安全注意事项，以及用电安全知识	理解与掌握安全操作注意事项，有 1 处不熟悉扣 10 分	40	
合计				100	

任务二 认识工业机器人

情景导入

英国《卫报》等外媒报道了特斯拉位于美国加利福尼亚州费利蒙市的"未来工厂",特斯拉的这个号称全球最智能的全自动化生产车间里,从原材料加工到成品的组装,全部生产过程除了少量零部件外,几乎所有生产工作都由工业机器人完成,车间里全都是工业机器人,每一个工业机器人可以完成多种动作。

工业机器人由多个关节组成,系统和结构组成相对比较复杂,认识并了解工业机器人十分有必要。

学习目标

知识与能力目标	1. 了解工业机器人的基本组成单元。 2. 熟悉工业机器人本体与控制柜的硬件连接。 3. 掌握工业机器人系统的开关机操作
素养目标	1. 通过对工业机器人的了解,增加对工业机器人的喜爱。 2. 通过连接工业机器人各组成单元,增强安全和规范操作的意识

任务描述

工业机器人是综合应用计算机、自动控制、自动检测及精密机械装置等高新技术的产物,是技术密集度及自动化程度很高的典型机电一体化加工设备。本任务从工业机器人设备的基本组成单元入手,分析各单元结构和工业机器人硬件连接方法,介绍如何正确开关机,为后续实操工业机器人等各项任务打下基础。

> 工业机器人涵盖技术=综合应用计算机+自动控制+自动检测+精密机械装置+……

任务分析

本任务从工业机器人的基本组成单元、工业机器人硬件连接、设备开/关机 3 个方面来认识工业机器人,为今后的学习打下基础。

任务实施

1. 认知工业机器人的基本组成单元

工业机器人一般包含本体、控制柜和示教器 3 部分。

（1）工业机器人本体

如图 1-5 所示为 IRB120 工业机器人本体，该工业机器人有 6 个关节轴。

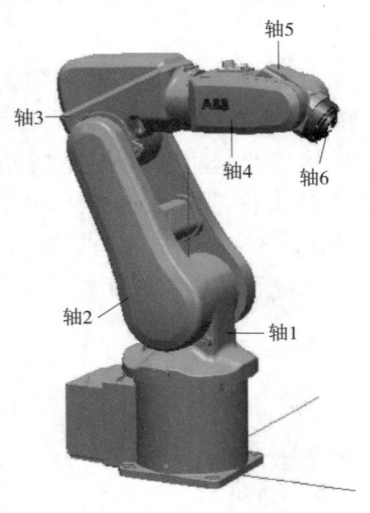

图1-5　IRB120工业机器人本体

（2）工业机器人控制柜

如图 1-6 所示为工业机器人标准型单台控制柜及其主要按钮/开关。

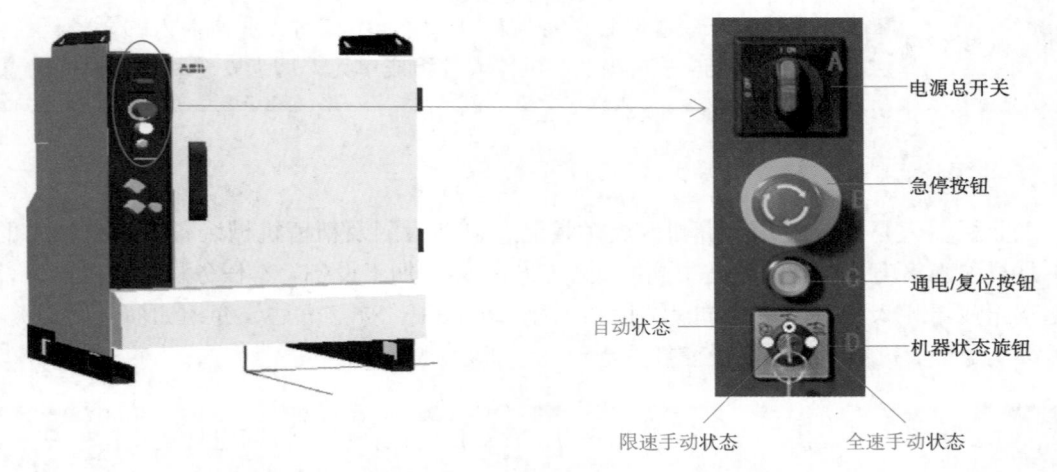

图1-6　工业机器人标准型单台控制柜及其主要按钮/开关

①电源总开关：开启和关闭工业机器人系统电源。

②急停按钮：当遇到紧急状况时按下此按钮，工业机器人立即停止当前运动。

③通电/复位按钮：将工业机器人切换到自动运行状态时，需要通过此按钮来对工业机器人进

行上电操作；当急停按钮按下又拔起之后，需要通过此按钮来复位工业机器人系统到正常状态。

④机器状态旋钮：也即钥匙开关，用以切换工业机器人状态，从左到右依次是自动/限速手动/全速手动状态。

（3）示教器

如图 1–7 和图 1–8 所示分别为工业机器人示教器的正面与背面。

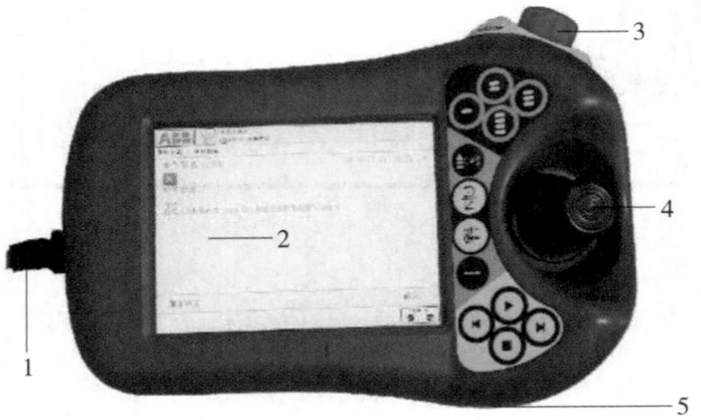

图1–7　示教器的正面

1—连接电缆；2—触摸屏；3—急停开关；4—手动操作摇杆；5—数据备份用 USB 接口

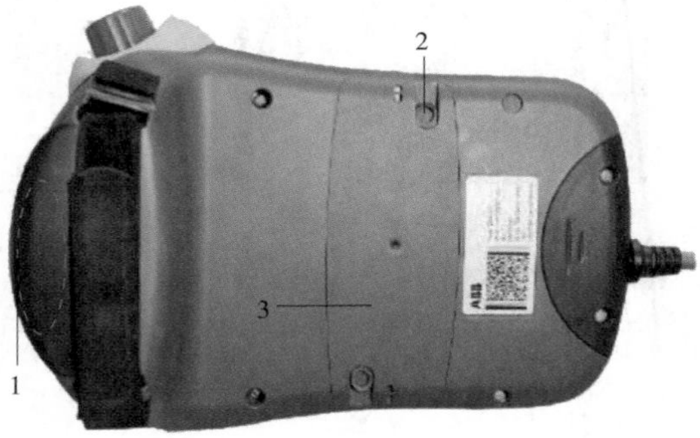

图1–8　示教器的背面

1—使能按钮；2—触摸屏用笔；3—示教器复位开关

2. 熟悉工业机器人的硬件连接

工业机器人本体与控制柜之间的连接主要是电动机动力电缆、转数计数器电缆和用户电缆的连接，如图 1–9 所示。

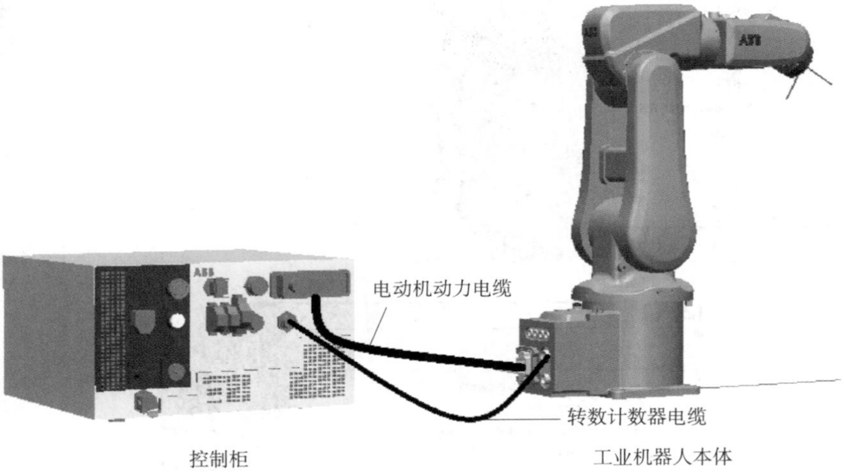

图 1–9　工业机器人本体与控制柜之间的连接

电动机动力电缆分别连接工业机器人本体底座接口和控制柜接口；转数计数器电缆两端分别连接工业机器人本体底座接口和控制柜接口。本体底座接口如图 1–10 所示，控制柜接口（以 IRC5 紧凑型控制柜为例）如图 1–11 所示。

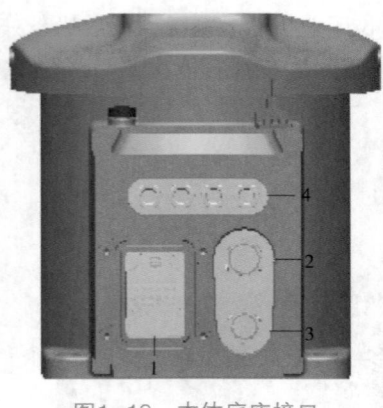

图1-10 本体底座接口

1—电动机动力电缆接口；2—转数计数器电缆接口；3—用户电缆接口；4—压缩空气接口

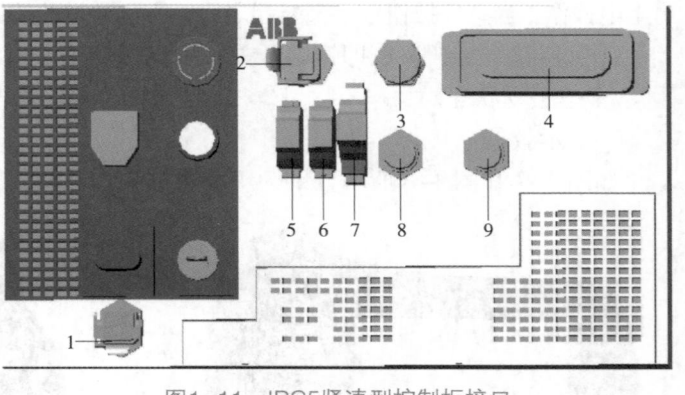

图1-11 IRC5紧凑型控制柜接口

1—电源输入接口；2—外轴电源电缆接口；3—示教器连接电缆接口；4—电动机动力电缆接口；5—外轴接口；6—I/O连接器；7—安全连接器；8—信号电缆接口；9—转数计数器电缆接口

3.熟悉设备开/关机

（1）开机

在确定输入电压正常之后，打开如图1-6所示的电源总开关，当示教器界面显示画面如图1-7所示，即为正常开机成功。

（2）关机

单击示教器界面中"ABB"→"重新启动"→"高级"→"关机"→"确定"命令，如图1-12所示。

（a）　　　　　　　　　　　　（b）

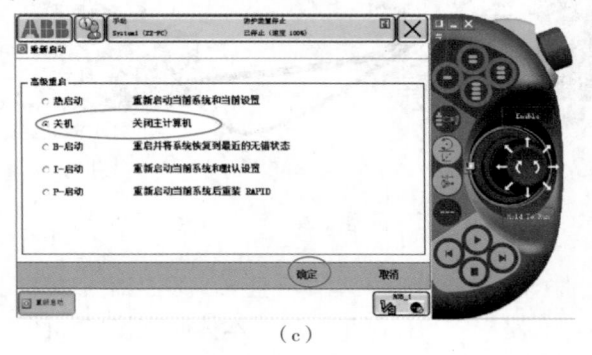

（c）

图1-12 关机步骤

（3）关闭电源

待示教器关机完成，再关掉图1-6所示的电源开关。

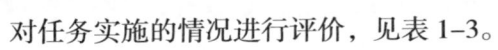 任务评价

对任务实施的情况进行评价，见表1-3。

表1-3 任务评价表

序号	主要内容	考核要求	评分标准	配分	得分
1	工业机器人基本单元	了解工业机器人的基本组成单元	基本组成单元有1处不了解扣5分	30	
2	工业机器人硬件连接	掌握工业机器人硬件的连接方法	1. 硬件的连接方法不熟悉扣10分。 2. 本体底座接口不熟悉扣10分	40	
3	设备开/关机	掌握工业机器人开关机操作流程	按掌握工业机器人开关机操作流程的熟练度给分	30	
合计				100	

任务三　示教器基础操作

情景导入

　　工程师要对工业机器人进行在线编程，就需要用到示教器。示教器是人与工业机器人交流的一个窗口，就像 Windows 操作系统一样。

学习目标

知识与能力目标	1.学会切换示教器语言。 2.能正确使用使能按钮。 3.学会查看系统信息与事件日志。 4.学会对系统进行数据备份与恢复操作
素养目标	1.通过示教器界面操作互动，增强对工业机器人的学习兴趣。 2.通过实际操作，强化规范操作意识

任务描述

　　示教器是工业机器人手动操纵、程序编写、参数配置，以及监控用的手持装置，也是最常打交道的工业机器人控制装置。在示教器上，绝大多数的操作都是在触摸屏上完成的，同时也保留了必要的按钮与操作装置。本任务主要通过实操工业机器人示教器，完成切换语言、正确使用使能按钮等基础操作，熟悉示教器界面，掌握基本的示教器操作技巧。

　　示教器 = 工业机器人主要控制
　　　　　 = 工业机器人手动操作 + 程序编写 + 参数配置 + 监控用手持装置

任务分析

　　示教器出厂时，默认的显示语言是英语，我们需要将其设置为中文。示教器使能按键有多种挡位，我们必须掌握其用法。工业机器人经常会出现各种各样的报警信息，要会查看工业机器人常用信息与事件日志。工业机器人需要经常备份和恢复一些重要的数据，以防止数据丢失。

任务实施

1. 设定示教器显示语言

示教器出厂时，默认的显示语言是英语，为了方便操作，可以把显示语言设定为中文。操作步骤下。

①选择"ABB"→"Control Pannel（控制面板）"命令，如图1-13所示。

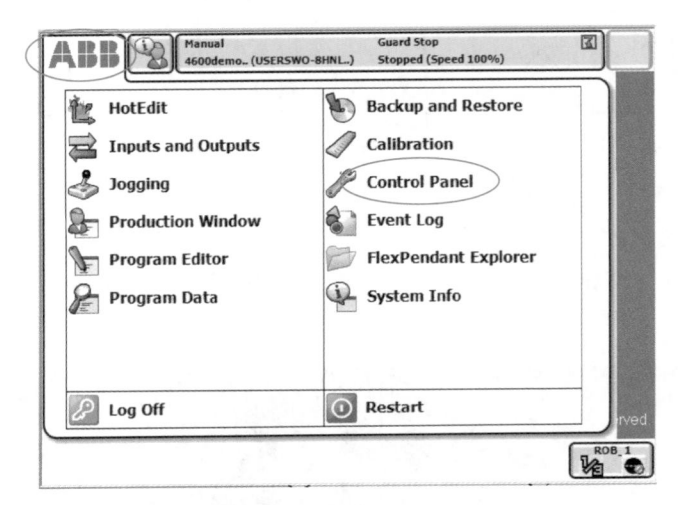

图1-13 选择"ABB"→"Control Pannel"命令

②选择"Language"→"Chinese"→"OK"命令，如图1-14所示。

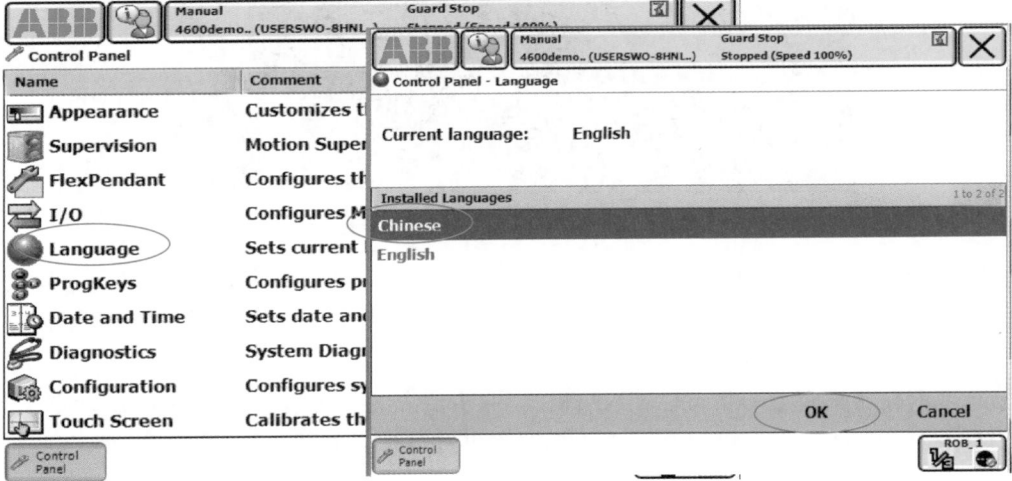

图1-14 选择"Language"→"Chinese"→"OK"命令

③单击"Yes"按钮后，系统重启，如图1-15所示。

④重启后，单击"ABB"按钮即可看到菜单已切换为中文界面，如图1-16所示。

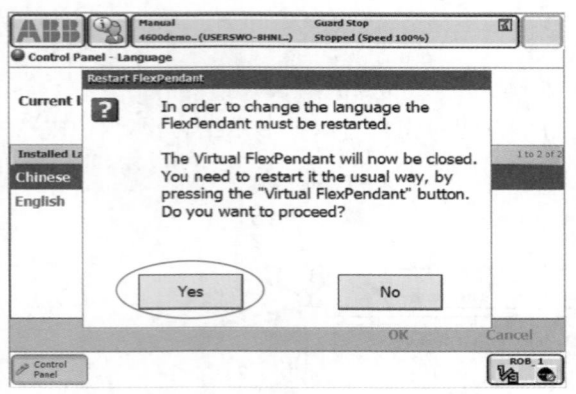

图1-15　单击"Yes"按钮　　　　　图1-16　菜单已切换为中文界面

2. 正确使用示教器使能按钮

使能按钮位于示教器手动操作摇杆的右侧，操作者应用左手的4个手指进行操作。如图1-17所示。

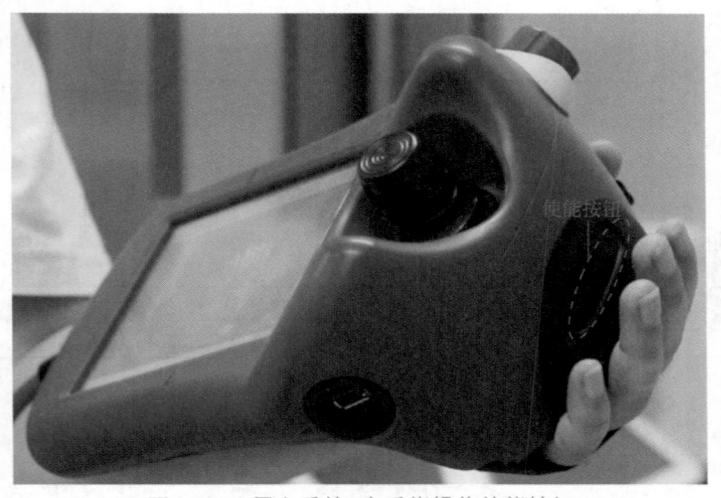

图1-17　用左手的4个手指操作使能按钮

使能按钮分为两挡，在手动状态下按下第1挡，工业机器人将处于电机开启状态，如图1-18所示，按下第2挡，工业机器人就会处于防护装置停止状态，如图1-19所示。

3. 查看常用信息与事件日志

①通过示教器画面上的状态栏查看ABB工业机器人的常用信息，如图1-20所示。

②单击窗口里的状态栏即可查看工业机器人事件日志，如图1-21所示。

4. 备份与恢复工业机器人的数据

（1）备份

工业机器人数据备份的对象是所有正在系统内存运行的RAPID程序和系统参数。将工业机器人控制器中当前程序备份到U盘里，操作步骤具体如下。

图1-18　按下第1挡后处于电机开启状态　　　　图1-19　按下第2挡处于防护装置停止状态

图 1-20　示教器画面上的状态栏

1—工业机器人的状态（手动、全速手动和自动）；2—工业机器人的系统信息；3—工业机器人电动机的状态；
4—工业机器人程序的运行信息；5—当前工业机器人或外轴的使用状态

图1-21　工业机器人的状态（手动、全速手动和自动）

①选择"ABB"→"备份与恢复"→"备份当前系统"命令，调出"备份当前系统"窗口，如图1-22所示。

②单击"ABC..."按钮，输入备份文件夹名称，单击"..."按钮，选择备份路径，单击"备份"按钮，完成备份，如图1-23所示。

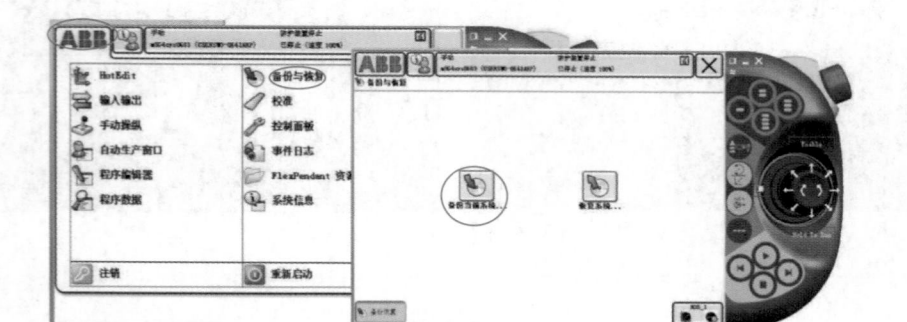

图1-22 选择"ABB"→"备份与恢复"→"备份当前系统"命令

图1-23 完成备份

（2）恢复

当工业机器人系统错乱或者重新安装新系统以后，可以通过备份快速地把工业机器人恢复到备份时的状态。

同备份一样，单击"恢复系统"按钮，调出"恢复系统"窗口，如图1-24所示，单击"..."按钮，选择U盘里可用备份程序的文件，再单击"恢复"按钮，等待系统恢复程序并自动重启工业机器人控制器，恢复完成。

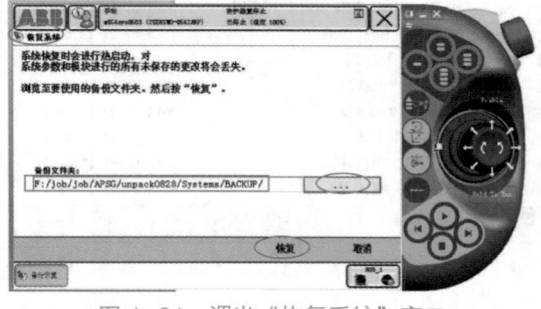

图1-24 调出"恢复系统"窗口

任务评价

对任务实施的情况进行评价，见表1-4。

表1-4　任务评价表

序号	主要内容	考核要求	评分标准	配分	得分
1	设定示教器显示语言	会设定示教器显示语言	按设定示教器显示语言的熟练度酌情扣分	20	
2	正确使用示教器使能按钮	掌握正确使用示教器使能按钮的方法	1. 使用示教器使能按钮的姿势不正确，扣10分。2. 使用示教器使能按钮挡位不正确，扣10分	30	
3	查看常用的信息与事件日志	能够查看常用信息与事件日志	不会查看常用信息与事件日志扣10分	20	
4	备份与恢复工业机器人的数据	能够备份与恢复工业机器人的数据	不会备份与恢复工业机器人的数据扣20分	30	
合计				100	

练习作业

1. 填写工业机器人基本组成部分（见图1-25）。

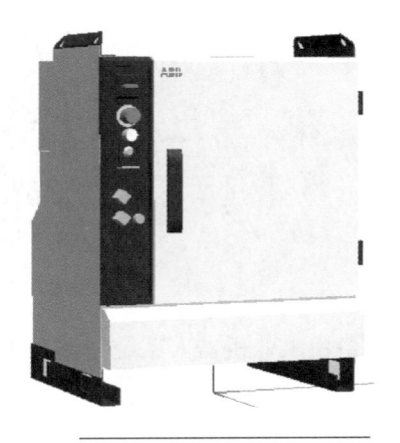

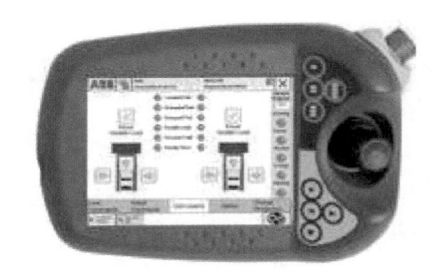

图　1-25

2. 画出各部分接口的连接示意图，如图 1-26 所示。

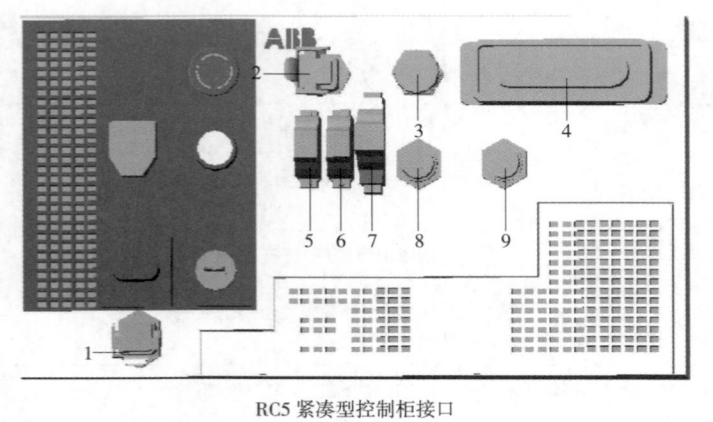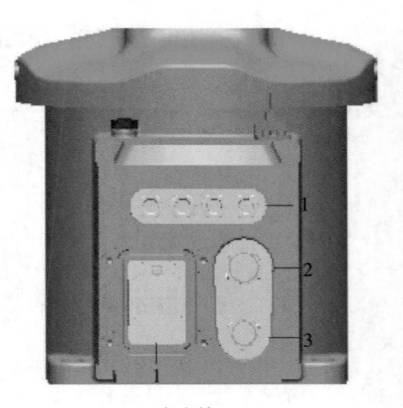

RC5 紧凑型控制柜接口　　　　　　　　　　　　底座接口

图　1-26

3. 指出如图 1-27 所示工业机器人的各轴位置及运动方向。

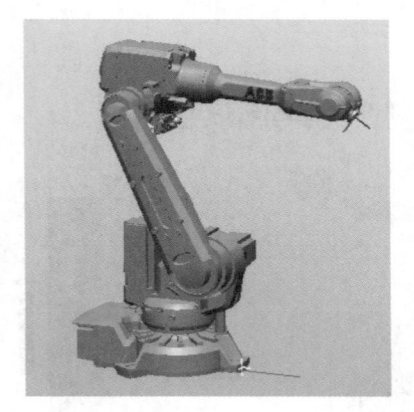

图　1-27

4. 分别写出备份工业机器人系统与还原工业机器人系统的操作步骤。

备份步骤：

①选择"_____"→"_____"→"备份当前系统"命令，调出"备份当前系统"窗口。

②单击"_____"按钮，输入备份文件夹名称，单击"_____"按钮，选择备份路径，单击"备份"按钮，完成备份。

还原步骤：

①选择"_____"→"_____"→"备份当前系统"命令，调出"_____"窗口。

②点击"_____"按钮，选择 U 盘里可用备份程序的文件，再单击"恢复"按钮。

项目二
离线编程软件 RobotStudio 的认识与安装

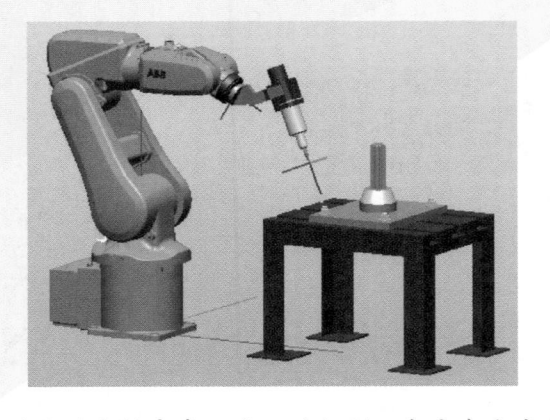

　　工业自动化的市场竞争压力日益加剧，客户在生产中要求更高的效率，以降低价格，提高质量。如今让工业机器人编程在新产品生产之始花费时间检测或试运行是行不通的，因为意味着要停止现有的产品以对新的或修改的部件进行编程。不去验证到达距离及工作区域，而冒险制造刀具和固定装置已不再是首选方法。现代生产厂家在设计阶段就对新部件的可制造性进行检查。在为工业机器人编程时，离线编程可与建立工业机器人应用系统同时进行。

　　在产品制造的同时对工业机器人系统进行编程，可提早开始产品生产，缩短上市时间。离线编程在实际机器安装前，通过可视化及可确认的解决方案和布局来降低风险，并通过创建更加精确的路径来获得更高的部件质量。

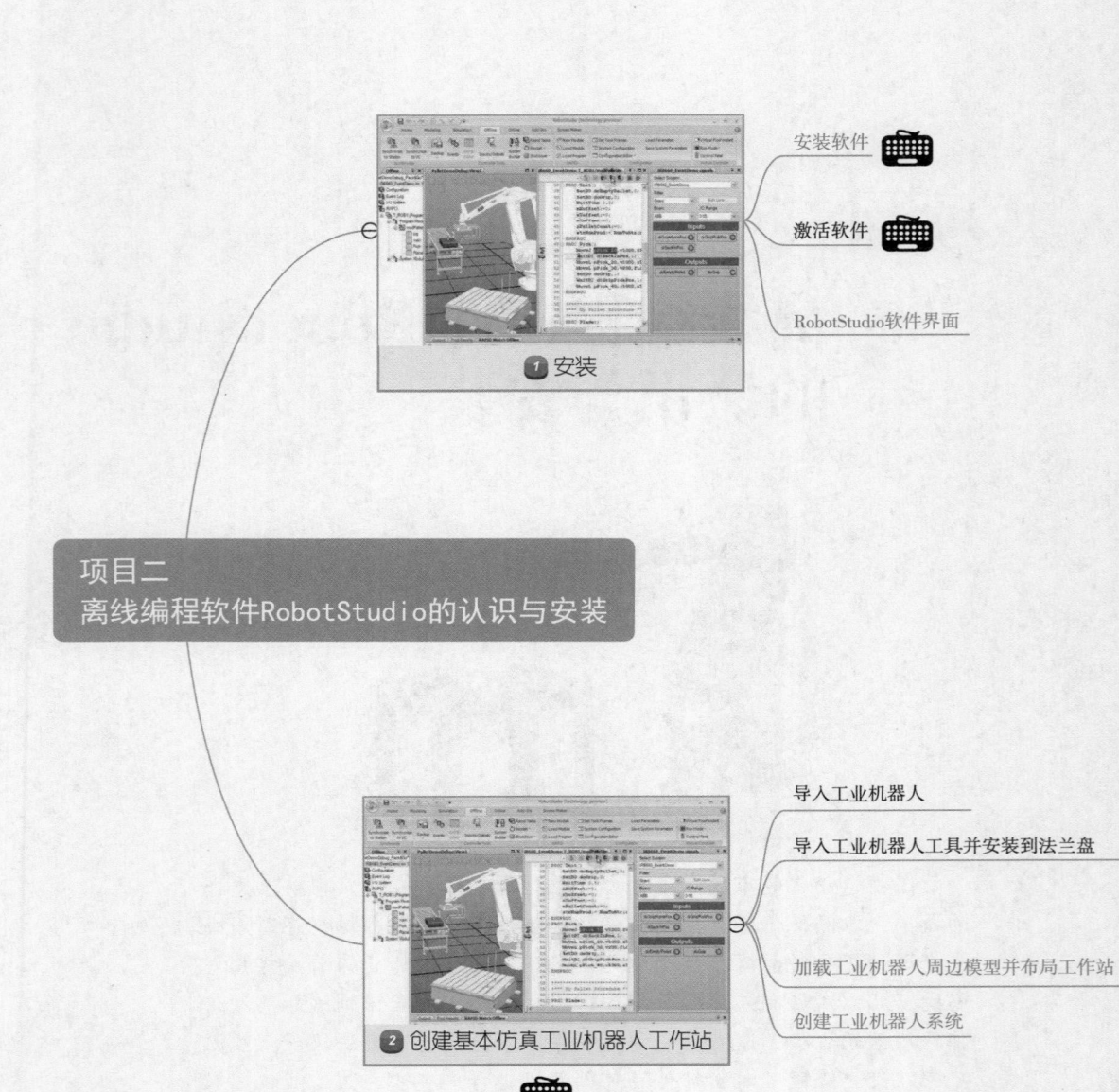

知识导图

安装软件

激活软件

RobotStudio软件界面

1 安装

项目二
离线编程软件RobotStudio的认识与安装

导入工业机器人

导入工业机器人工具并安装到法兰盘

加载工业机器人周边模型并布局工作站

创建工业机器人系统

2 创建基本仿真工业机器人工作站

红色： 重点

⚠ 难点

⌨ 操作

任务一　安装工业机器人离线编程软件 RobotStudio

情景导入

某大型汽车制造公司计划改造工业机器人生产流水线，需要进行离线编程，以不影响产品的正常生产。

学习目标

知识与能力目标	1. 学会正确安装工业机器人离线编程软件。 2. 了解软件授权的作用与操作。 3. 了解软件界面的构成
素养目标	1. 通过安装软件和授权，增强信息应用意识。 2. 通过了解软件界面，增强对离线编程功能探究意识

任务描述

RobotStudio 是 ABB 公司专门开发的工业机器人离线编程软件，其界面友好，功能强大。离线编程在实际工业机器人安装前，通过可视化及可确认的解决方案和布局来降低风险，并通过创建更加精确的路径来获得更高的部件质量，在此之前，软件的正确安装与授权激活是仿真软件的使用基础。

任务分析

RobotStudio 安装时有一些注意事项，安装完成后需要授权。软件安装完成后，需要认识Robot Studio 工作界面。

任务实施

1. 安装 RobotStudio

①首先打开安装软件所在文件夹，双击如图 2-1 所示的"setup.exe"图标，然后单击"确定"按钮选择安装演示语言为中文，如图 2-2 所示。

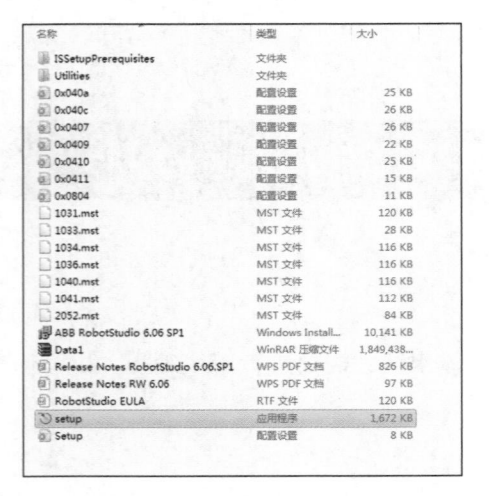

图 2-1　双击"setup.exe"图标　　　　　　　图 2-2　选择安装演示语言为中文

②单击"下一步"按钮，如图 2-3 所示。阅读许可协议并接受（见图 2-4 和图 2-5）。

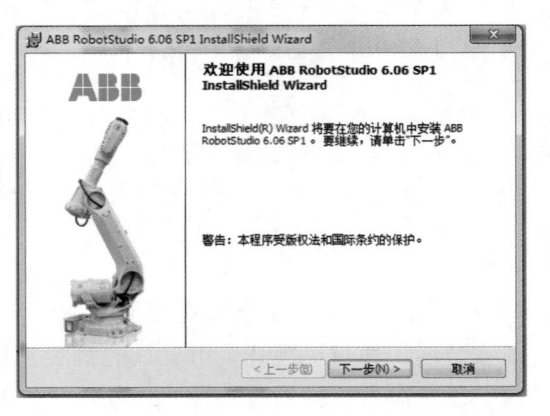

图 2-3　单击"下一步"按钮

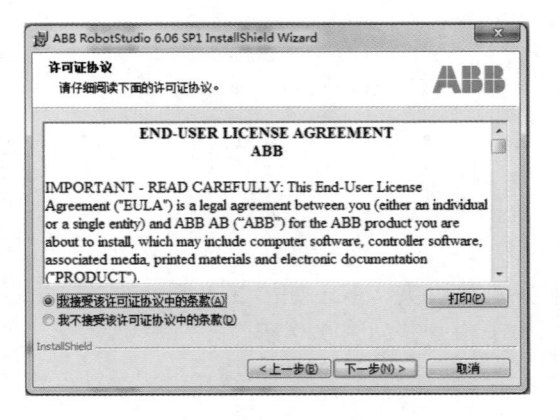

图 2-4　勾选"我接受"

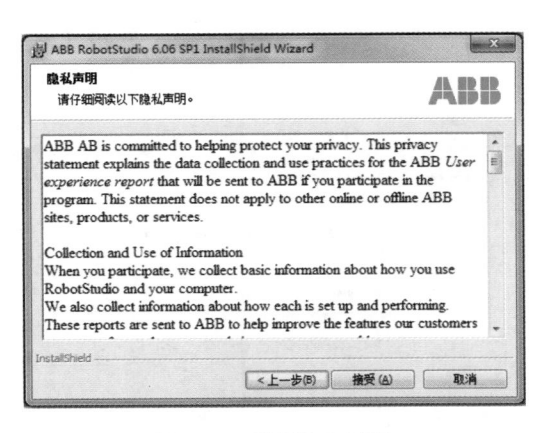

图 2-5　接受许可建议

③选择安装目录（建议选择默认路径，不要更改），单击"下一步"按钮（见图2-6）。
④选择安装类型，单击"下一步"按钮（见图2-7）。

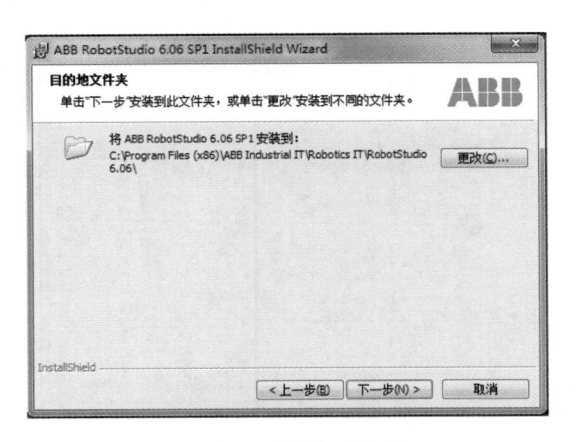

图 2-6　选择安装目录

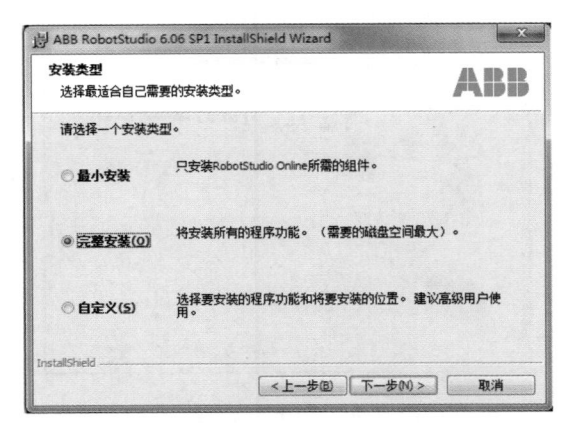

图 2-7　选择安装类型

⑤然后单击"安装"按钮（见图2-8），开始安装（见图2-9），直至产品安装完成，再单击"完成"按钮（见图2-10）。

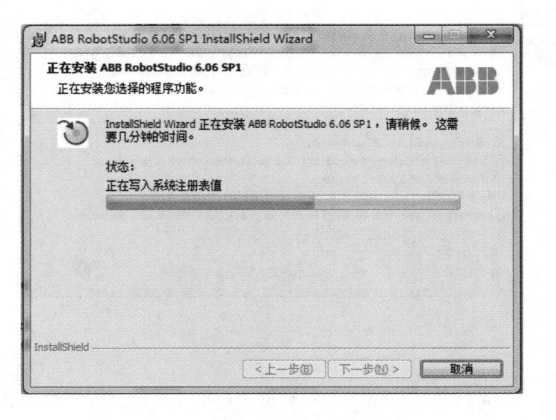

图2-8 单击"安装"按钮

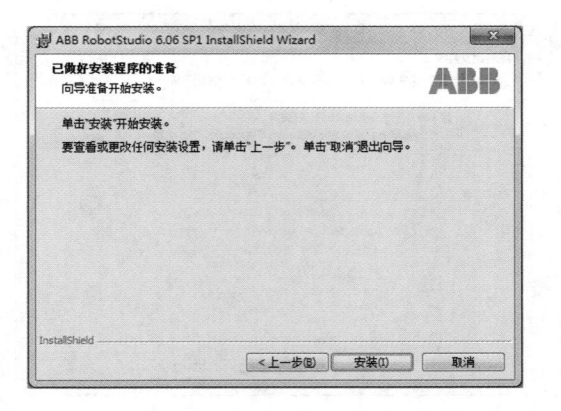

图2-9 正在安装

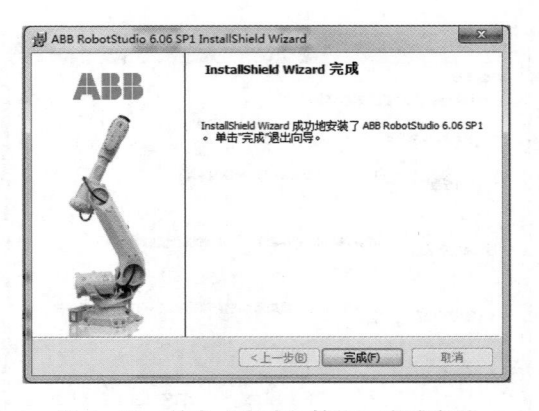

图2-10 单击"完成"按钮，完成安装

2. RobotStudio 授权

从 ABB 获得 RobotStudio 的授权许可证之后，可以通过以下方式激活软件。在激活之前，将计算机与互联网连接，操作会便捷很多。激活步骤如图 2-11 所示。

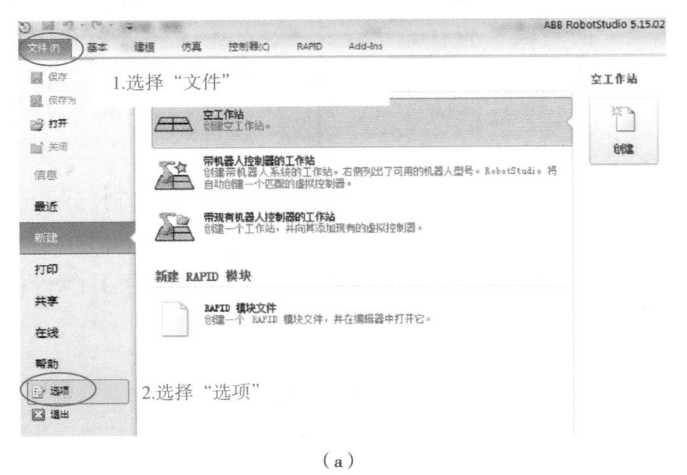

（a）

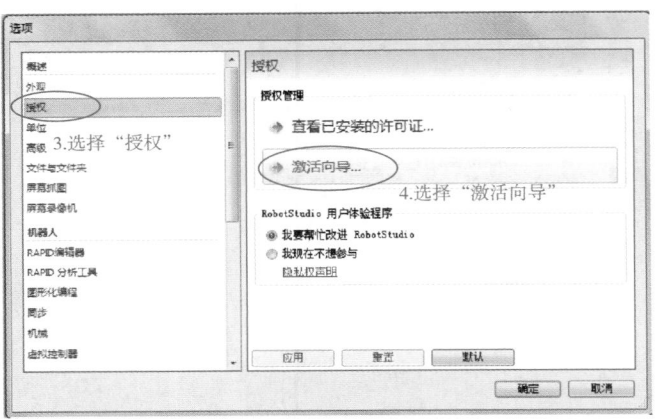

（b）

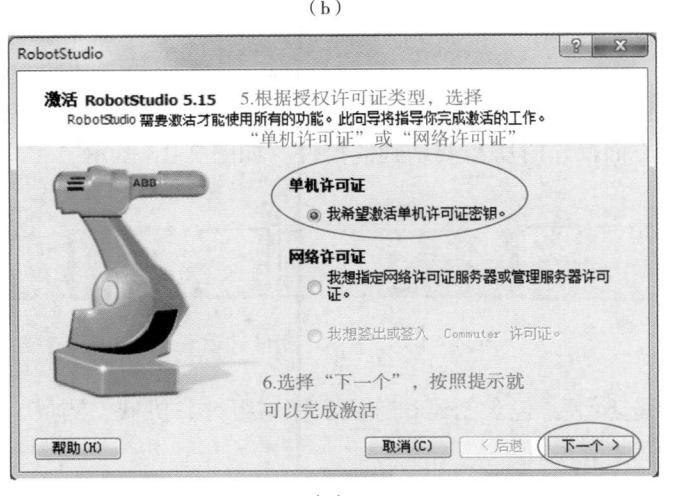

（c）

图2-11　RobotStudio的激活步骤

注意：

  ABB 公司全部通过序列号来管理仿真软件。在第一次正确安装 RobotStudio 以后，软件提供 30 天的全功能高级版免费试用。30 天后，如果还未进行授权操作的话，则只能使用基本版的功能。两种版本的在线功能是一样的，主要区别在于离线功能中基本版只提供基本功能，例如配置、编程和运行虚拟控制器等功能。

3. 认识 RobotStudio 软件界面

  RobotStudio 软件界面包含"文件""基本""建模""仿真""控制器""RAPID"和"Add-Ins"这 7 个功能选项卡。

  ① "文件"功能选项卡，包含打开已有工作站，关闭、保存工作站和新建工作站等，如图 2-12 所示。

图 2-12 "文件"功能选项卡

  ② "基本"功能选项卡，包含进行建立工作站、路径编程、设置、控制器同步、手动操纵和 3D 视角这几个方面操作时所需要用到的控件。如图 2-13 所示.

图 2-13 "基本"功能选项卡

  ③ "建模"功能选项卡，包含创建和分组工作站组件、机械、测量，以及其他 CAD 操作所需的控件，如图 2-14 所示。

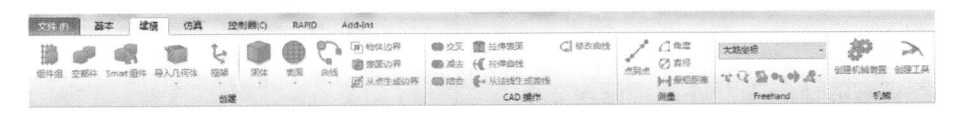

图 2-14　"建模"功能选项卡

④"仿真"功能选项卡，包含碰撞监控、配置、仿真控制、监控、信号分析器、录制短片和输送链跟踪所需的控件，如图 2-15 所示。

图 2-15　"仿真"功能选项卡

⑤"控制器"功能选项卡，包含进入、控制器工具、配置、虚拟控制器传送所需的控件。它还包含用于管理真实控制器的控制功能，如图 2-16 所示。

图 2-16　"控制器"功能选项卡

⑥"RAPID"功能选项卡，包括进入、编辑、插入、查找、控制器、测试和调试所需的控件，如图 2-17 所示。

图 2-17　"RAPID"功能选项卡

⑦"Add-Ins"功能选项卡，包含 VSTA 和齿轮箱热量预测所需的相关控件，如图 2-18 所示。

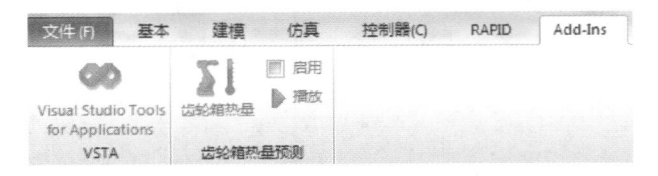

图 2-18　"Add-Ins"功能选项卡

📖 任务评价

对任务实施的情况进行评价，见表2-1。

表2-1　任务评价表

序号	主要内容	考核要求	评分标准	配分	得分
1	安装软件	会安装 RobotStudio	按安装 RobotStudio 的熟练程度酌情扣分	40	
2	授权操作	掌握授权操作的方法	按进行授权操作的熟练程度酌情扣分	20	
3	认知软件界面	了解常用的软件界面	按了解常用的软件界面的熟练程度酌情扣分	40	
合计				100	

任务二　创建基本仿真工业机器人工作站

 情景导入

　　某企业在 RobotStudio 中创建了基本仿真工业机器人工作站，在该工作站通过系统仿真，可以在制造单机与生产线之前模拟出实物，缩短生产工期，可以避免不必要的返工。

学习目标

知识与能力目标	1.学会在仿真软件中导入工业机器人，并了解几种主要型号的工业机器人。 2.学会加载工业机器人周边设备模型。 3.学会布局工业机器人工作站。 4.学会创建工业机器人系统
素养目标	1.通过了解多种型号机器人，提升对工业机器人的学习兴趣。 2.通过创建可仿真的工作站，注重流程细节，养成一丝不苟的态度

任务描述

　　一个基本的工业机器人工作站包含工业机器人及工作对象。本次任务首先是在仿真软件中布局出如图 2-19 所示的工作站，随后为工业机器人加载系统，使其具有电气特性以便在后续项目中完成相关的仿真操作。图中工业机器人型号为 IRB120，工业机器人末端法兰盘需要安装工具，为工作站配备图 2-19 所示的小桌。

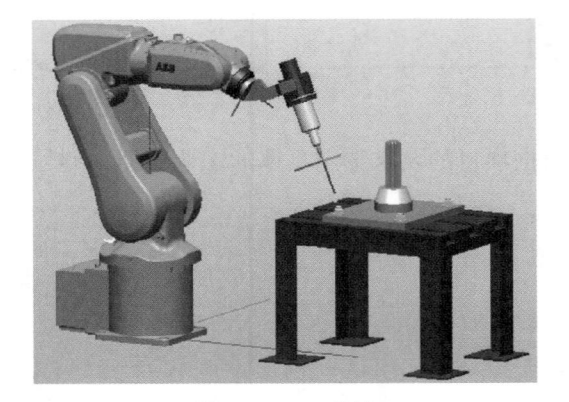

图 2-19　工作站

工业机器人工作站＝工业机器人＋工作对象

任务分析

要创建工业机器人基本工作站，需要导入所需要的工业机器人型号，安装所需的工具，导入所需要的模型，布局工作站，然后创建工业机器人系统。

任务实施

1. 导入工业机器人

选择"基本"功能选项卡"ABB 模型库"中的"IRB 120"，如图 2-20 所示。确定好版本，单击"确定"按钮即可导入，如图 2-21 所示。

创建基本仿真工业机器人工作站

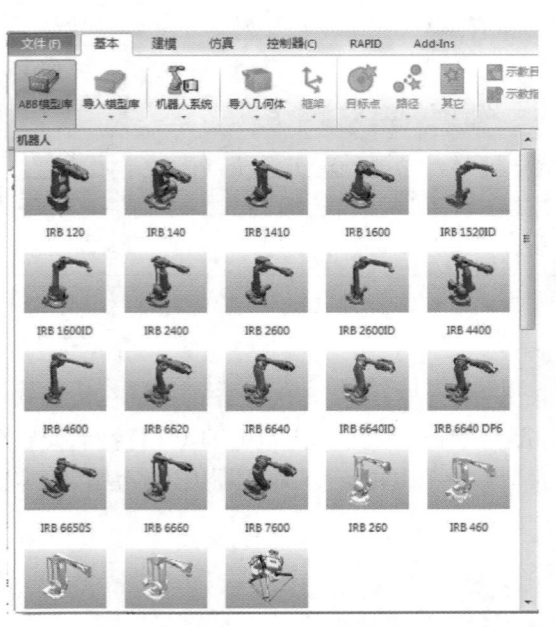

图 2-20　ABB模型库

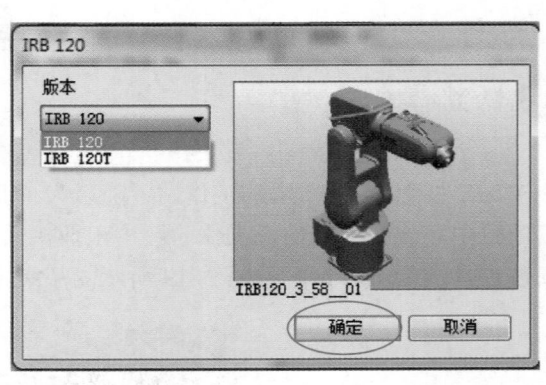

图 2-21　选择版本，单击"确定"按钮完成导入

在实际操作中，要根据项目的要求选定具体的工业机器人型号及相关版本，或者承重能力及到达距离等参数。

相关知识

了解几种主要型号的工业机器人

（1）IRB 120

IRB 120（见图 2-22）是 ABB 新型第四代工业机器人家族的最新成员，也是迄今为止 ABB 制造的最小的工业机器人。

图 2-22 IRB 120

作为 ABB 目前最小的工业机器人，IRB 120 在紧凑空间内凝聚了 ABB 产品系列的全部功能与技术，它的质量只有 25 kg，结构设计紧凑，几乎可以安装在任何地方。它的运动工作范围与最大速度见表 2-2。

表2-2 IRB 120的工作范围与最大速度

轴	运动工作范围	最大速度
轴 1	−165° ~ +165°	250° /s
轴 2	−110° ~ +110°	250° /s
轴 3	−90° ~ +70°	250° /s
轴 4	−160° ~ +160°	320° /s
轴 5	−120° ~ +120°	320° /s
轴 6	−400° ~ +400°	420° /s

（2）IRB 1410

IRB 1410（见图 2-23）以其坚固可靠的结构而著称，由此带来的其他优势是噪声低，例行维护间隔时间长，使用寿命长。该工业机器人工作范围大、到达距离长、结构紧凑、手腕极为纤细，即使在条件苛刻、限制颇多的场所，仍能实现高性能操作。其质量为 225 kg，到达距离最长 1.44 m，重复定位精度平均为 0.05 mm。

图 2-23　IRB 1410

（3）IRB2600

IRB 2600（子型号1）（见图 2-24）的精度很高，其操作速度更快，它有3种子型号可选，见表2-3。

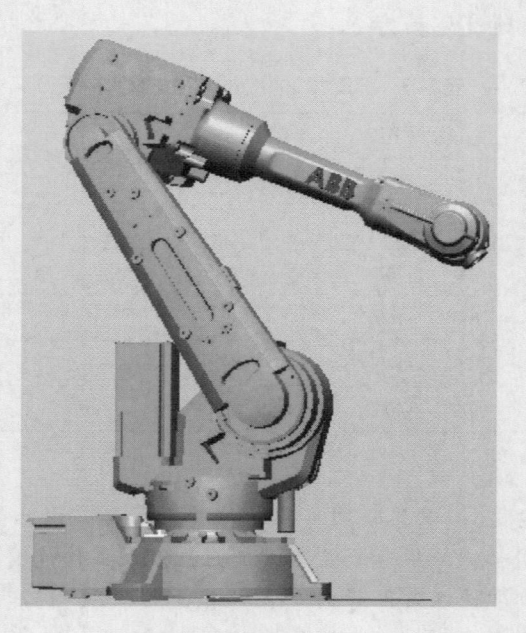

图 2-24　IRB 2600（子型号1）

表2-3　IRB 2600 3种子型号的工作范围和有效承重

子型号	工作范围	有效承重
1	1.65m	12kg
2	1.65m	20kg
3	1.85m	12kg

（4）IRB360

IRB 360（见图2-25）是实现高精度拾放料作业的第二代工业机器人解决方案，其操作速度快、有效载荷大、占地面积小，它通过IP69验证，可满足工业清洗需求。

图2-25　IRB 360

以上几种工业机器人在后续的工业机器人基础应用和工业机器人综合应用中都会用到，另外，在ABB模型库中，还有许多其他型号的工业机器人，可以根据需要逐一行查看。

2. 导入工业机器人工具并安装到法兰盘

软件自带的设备库提供了一些常用的标准工业机器人夹具，可以通过如下操作导入到工作站。

①切换到"基本"功能选项卡，选择"导入模型库"→"设备"→"myTool"命令，如图2-26所示。

②将工具安装到工业机器人法兰盘。选择"MyTool""安装到"命令，然后选择需要安装工具的工业机器人，如图2-27所示，调出如图2-28所示的对话框，单击"是"按钮，工具就能安装在工业机器人法兰盘。

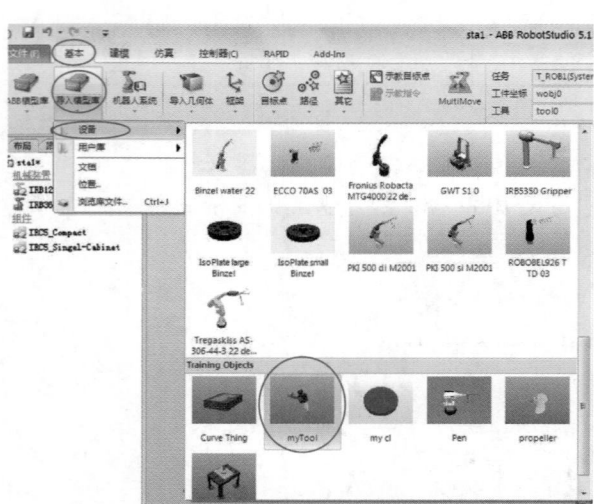

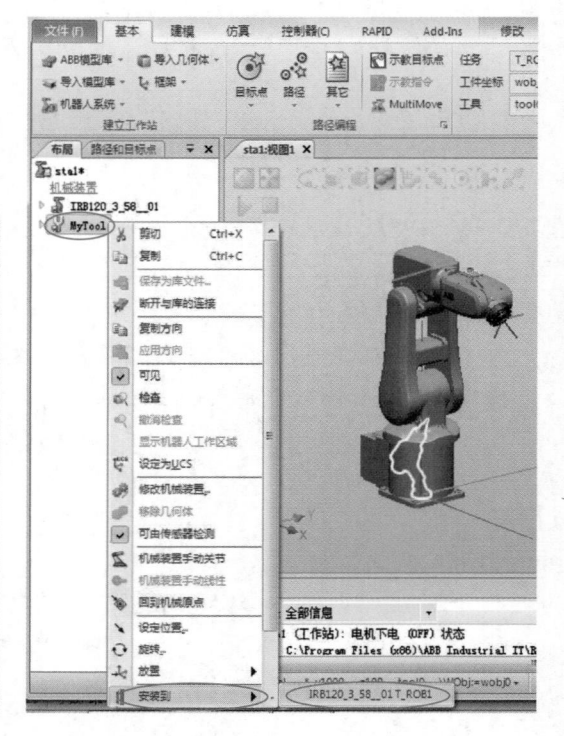

图 2-26 选择"导入模型库""设备""myTool"命令　图 2-27 将工具安装到工业机器人法兰盘的
　　　　　　　　　　　　　　　　　　　　　　　　　　　　操作

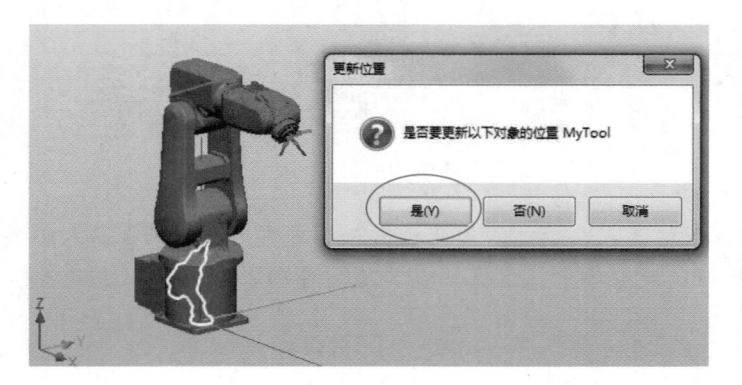

图 2-28 单击"是"按钮

3. 加载工业机器人周边模型并布局工作站

①与加载工业机器人工具的方法类似，加载小桌模型的操作方法：切换到"基本"功能
选项卡，选择"导入模型库"→"设备"→"propeller table"命令，如图 2-29 所示。

②小桌模型导入之后，需要将其摆放到合适的位置，确保在工业机器人的工作区域内。要
确定小桌模型的位置，需要使工业机器人显示其工作区域。方法：选择"IRB120_3_58_01"→"显
示工业机器人工作区域"命令，如图 2-30 所示。

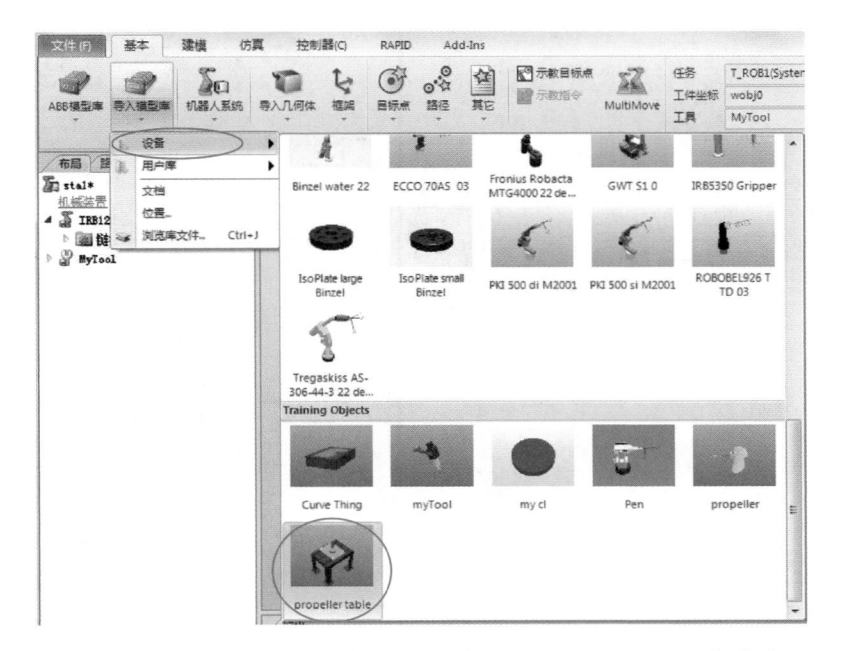

图 2-29　选择"导入模型库"→"设备"→"propeller table"命令

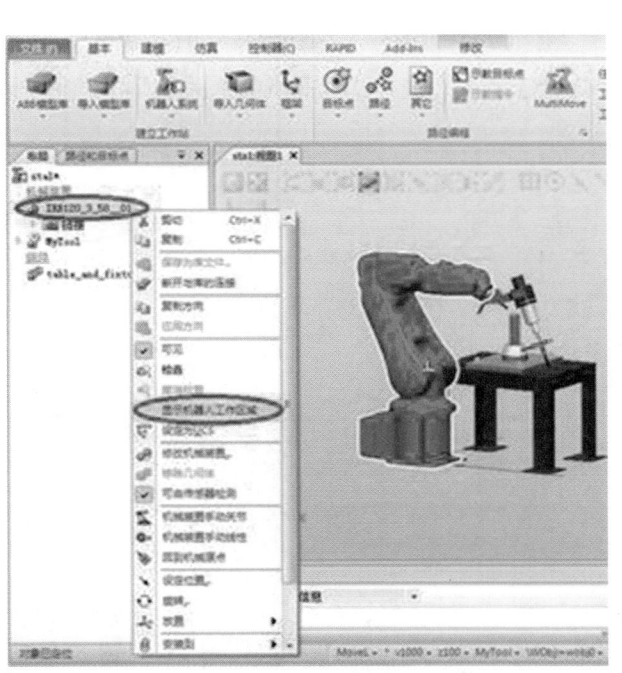

图 2-30　选择"IRB120_3_58_01"→"显示工业机器人工作区域"命令

③待工业机器人工作区域显示之后，移动小桌，将其放置在工业机器人的工作区域。方法：选中"table_and_fixture_140"选项，单击"Freehand"组中的"移动"按钮，如图 2-31所示，然后拖动箭头将小桌放置在合适位置。

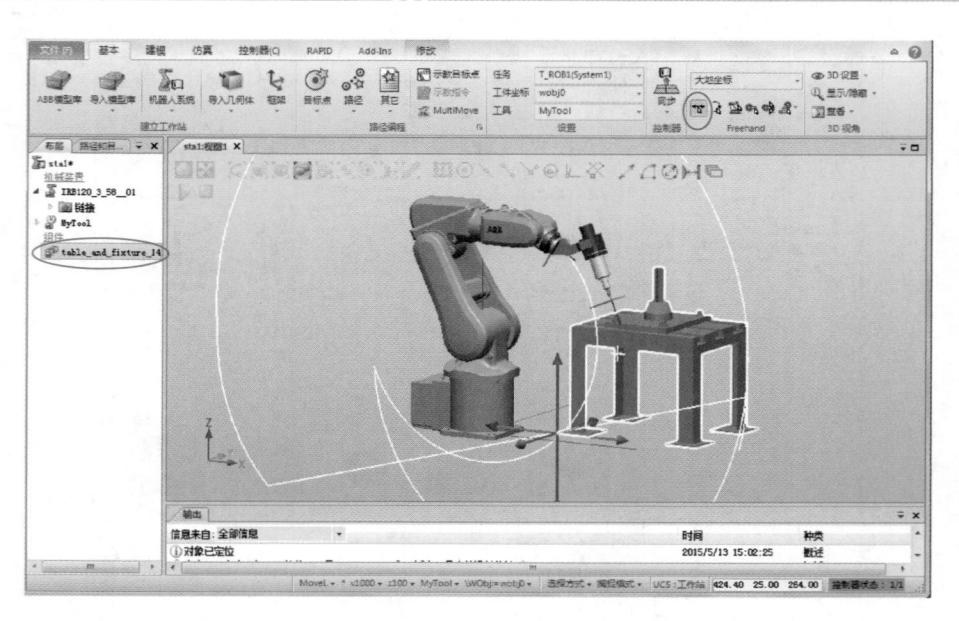

图 2-31　单击"Freehand"组中的"移动" 按钮

4. 创建工业机器人系统

完成工作站布局后，需要为工业机器人创建系统。具体操作步骤如下。

①切换到"基本"功能选项卡，选择"工业机器人系统"→"从布局 ..."命令，如图 2-32 所示。

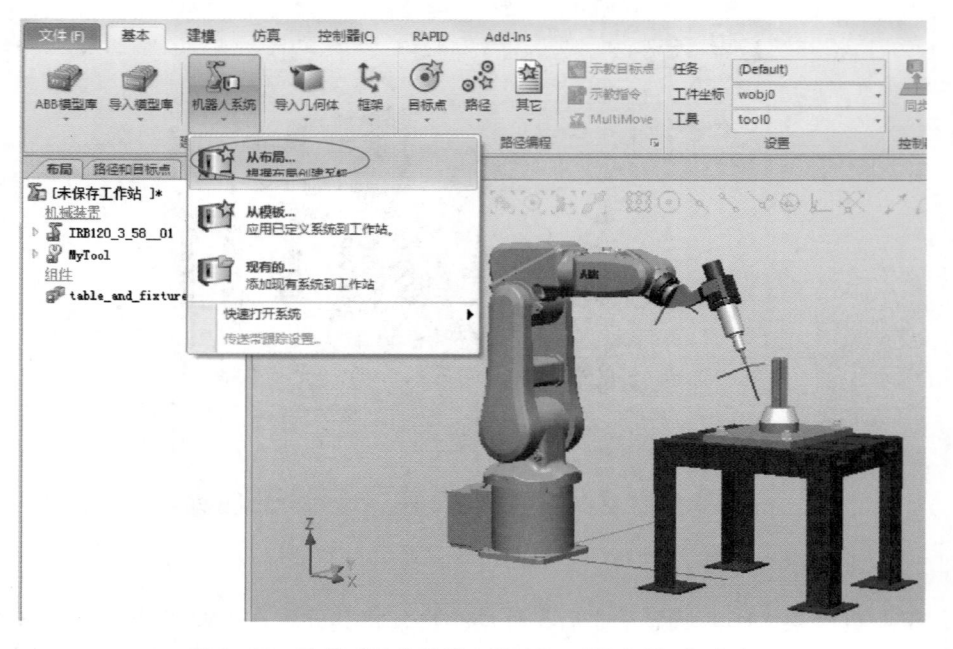

图 2-32　选择"工业机器人系统" "从布局..."命令

②调出如图 2-33 所示的对话框，将系统名称和保存位置设定完成后，单击"下一个"按钮。

③调出如图 2-34 所示的对话框，选择机械装置，再单击"下一个"按钮。

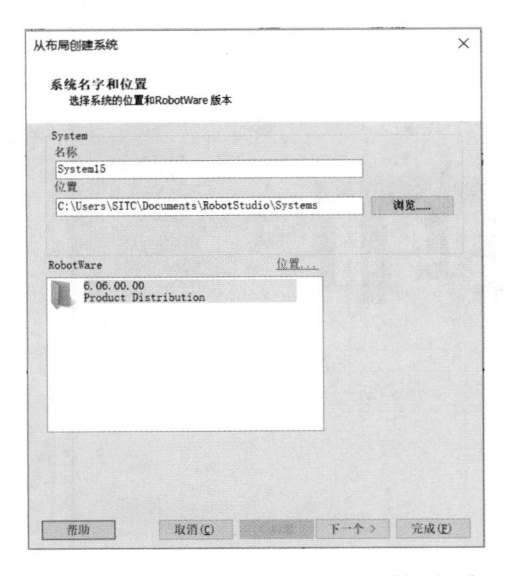

图 2-33 "从布局创建系统"对话框（1）

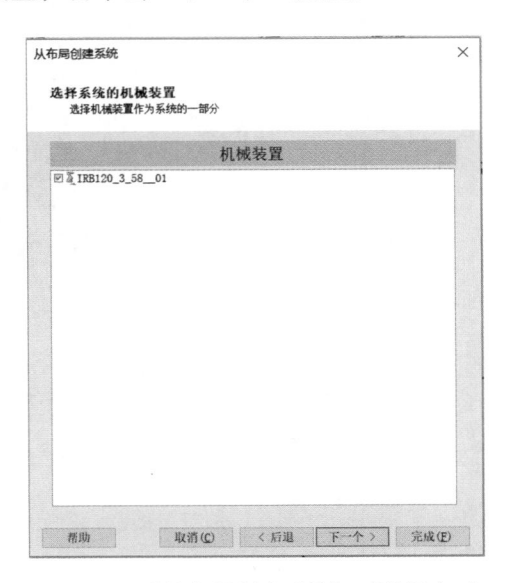

图 2-34 "从布局创建系统"对话框（2）

④调出如图 2-35 所示的对话框，单击"选项"按钮，调出如图 2-36 所示的对话框，为系统添加中文选项，选中"Chinese"，单击"确定"按钮，在调出的对话框单击"完成"按钮。

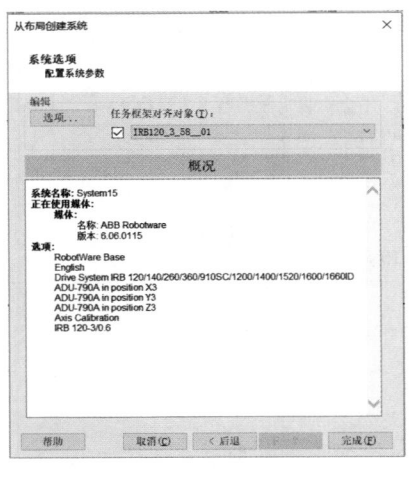

图 2-35 "从布局创建系统"对话框（3）

图 2-36 "从布局创建系统"对话框（4）

⑤系统建立完成后，可以看到右下角"控制器状态"为绿色，如图 2-37 所示。

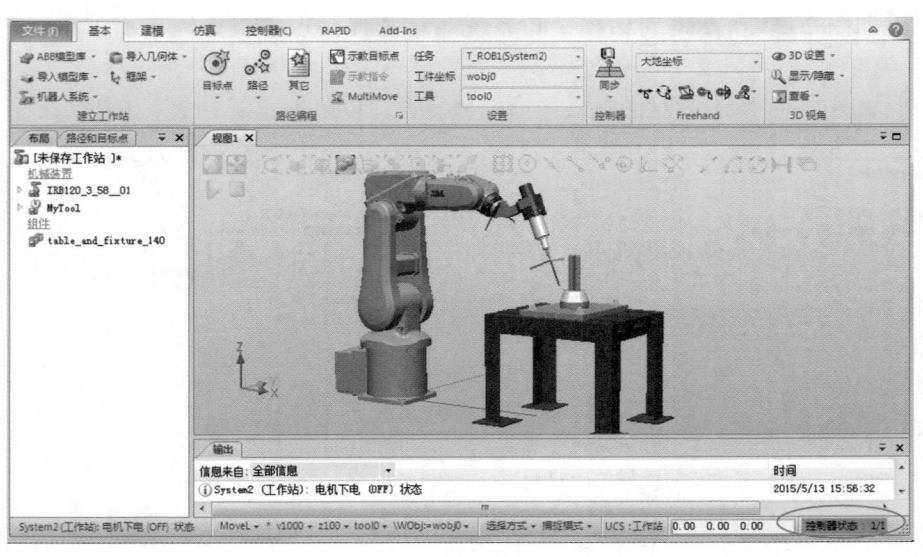

图 2-37 "控制器状态"为绿色

任务评价

对任务实施的情况进行评价，见表 2-4。

表2-4 任务评价表

序号	主要内容	考核要求	评分标准	配分	扣分	得分
1	导入工业机器人	会导入所需的工业机器人	不会导入所需的工业机器人扣 10 分	20		
2	安装工具	掌握安装工具的方法	不会安装工业机器人工具扣 10 分	20		
3	布局工作站	会布局工作站	不会布局工作站扣 10 分	20		
4	创建工业机器人系统	掌握创建工业机器人系统的方法	不会创建工业机器人系统扣 20 分	40		
合计				100		

练习作业

1. 简述工业机器人仿真软件 RobotStudio 的安装内容与主要步骤。

2. 在仿真软件 RobotStudio 中创建名为 sta1 的工业机器人工作站，并创建名为 sys1 的工业机器人系统，导入型号为 IRB 2600 的工业机器人模型，其外形如图 2-38 所示。其中工业机器人的承载能力为 12 kg，到达距离为 1.65 m，如图 2-39 所示。

3. 在已创建完成的工业机器人工作站 sta1 中，从仿真软件的模型库中导入小桌模型，并布局该工作站，使小桌与工业机器人本体底座中心的距离如图 2-40 所示。

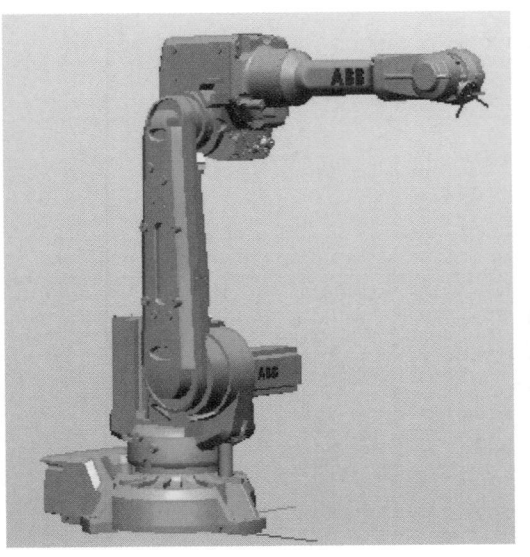

图2-38 型号为IRB2600的工业机器人模型

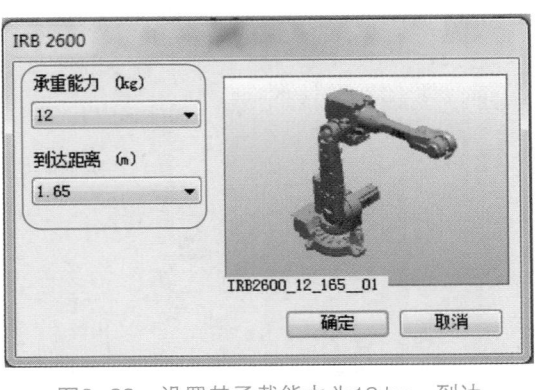

图2-39 设置其承载能力为12 kg，到达
距离为1.65 m

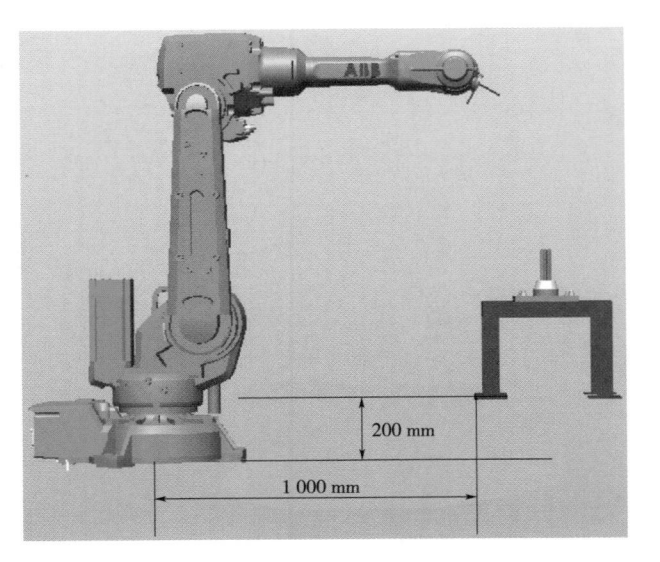

图 2-40 小桌与工业机器人本体底座中心的距离

项目三
工业机器人的手动操纵

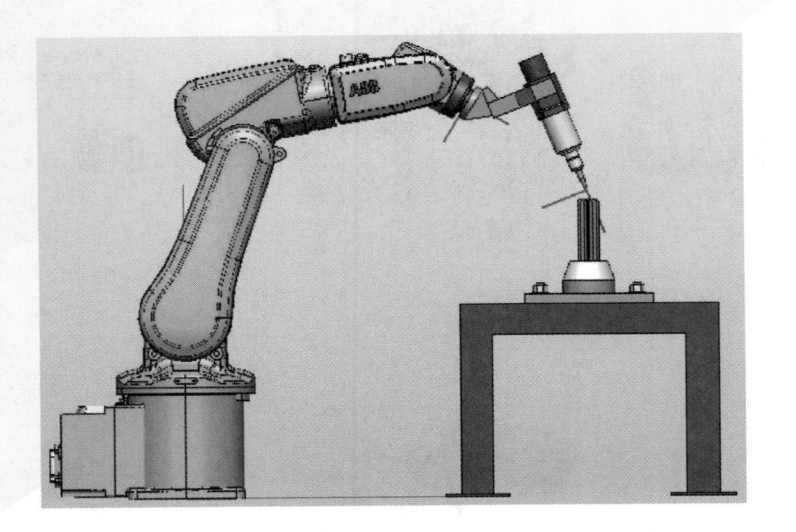

　　手动操纵工业机器人一共有 3 种运动模式：单轴运动、线性运动和重定位运动。在开始编写工业机器人程序之前，目标点的精确位置往往需要手动操纵来确定。当设备发生碰撞，或者遭遇紧急停止之后的动作恢复，合理地选择动作模式，正确操纵工业机器人，显得非常重要。

🎴 知识导图

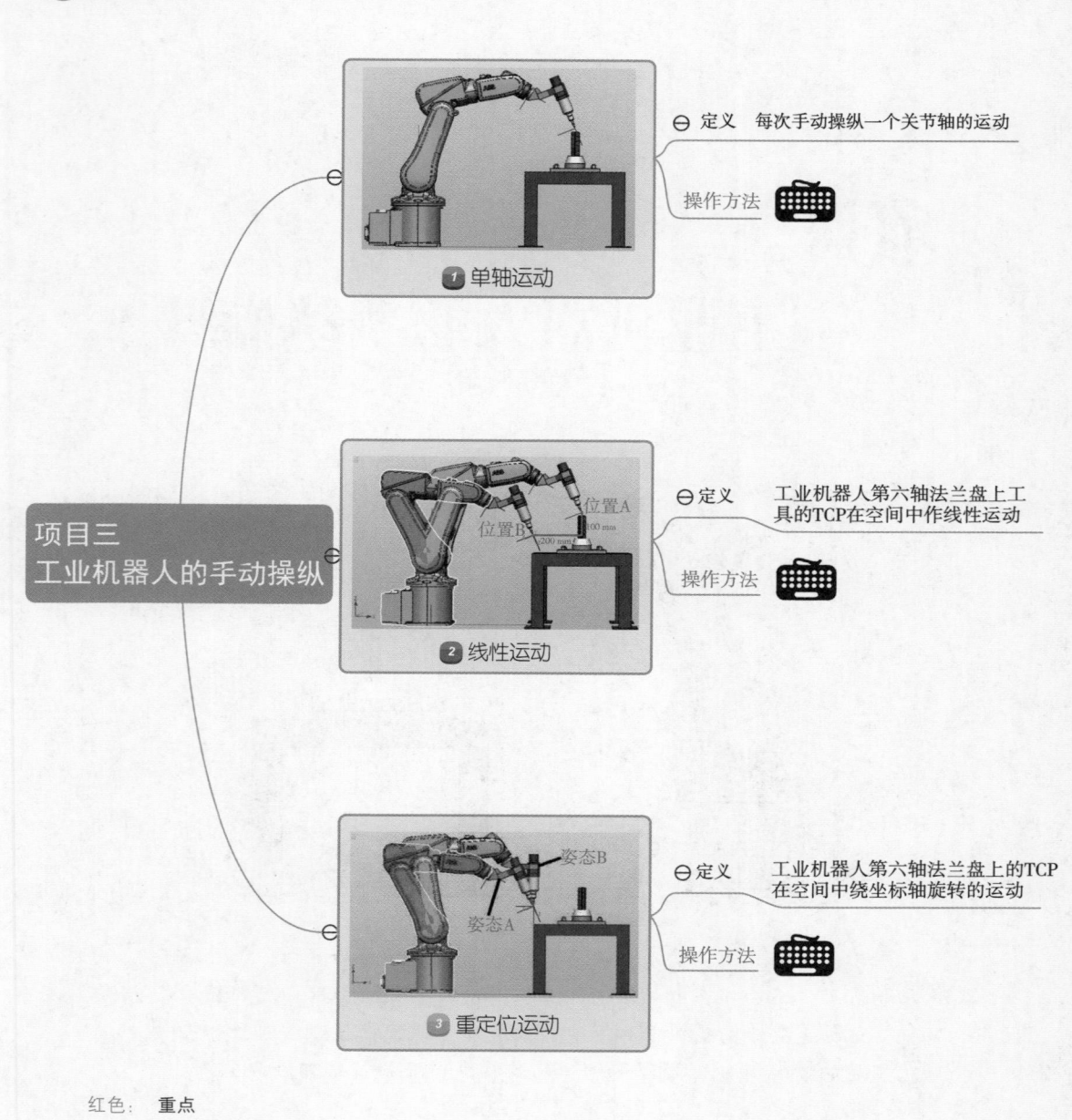

项目三
工业机器人的手动操纵

⊖ 定义　每次手动操纵一个关节轴的运动

操作方法 ⌨

1 单轴运动

⊖ 定义　工业机器人第六轴法兰盘上工具的TCP在空间中作线性运动

操作方法 ⌨

位置A
位置B　200 mm　100 mm

2 线性运动

⊖ 定义　工业机器人第六轴法兰盘上的TCP在空间中绕坐标轴旋转的运动

操作方法 ⌨

姿态B
姿态A

3 重定位运动

红色：　重点

⚠　难点

⌨　操作

任务一 单轴运动

📺 情景导入

每一台工业机器人都有自己的机械原点，对应于工业机器人 6 个轴的零度位置。手动操纵工业机器人运动到各轴指定度数或者机械原点时，所用到的动作模式就是单轴运动，即每次只运动工业机器人的 1 个轴。

🔧 学习目标

知识与能力目标	1. 了解什么是工业机器人的单轴运动。 2. 掌握手动操纵工业机器人单轴运动的操作方法
素养目标	1. 通过手动操纵工业机器人单轴运动，养成良好操作习惯。 2. 通过实操工业机器人，强化安全操作意识

📋 任务描述

本任务主要将工业机器人调整到如图 3-1 所示的姿态，其中工业机器人 6 轴的角度分别为：轴 1（0°）、轴 2（20°）、轴 3（-30°）、轴 4（0°）、轴 5（40°）和轴 6（0°）。

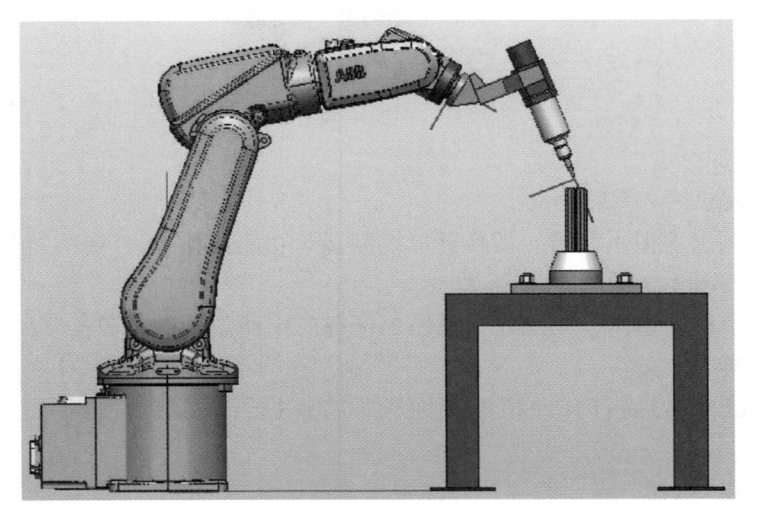

图3-1 工业机器人的姿态

任务分析

根据任务描述，对工业机器人6轴运动角度有明确的数据要求，那么手动操纵工业机器人单轴运动时，需要各轴逐个调整，以达到最终的任务目标。

任务实施

相关知识

了解单轴运动的定义

一般地，ABB工业机器人是由6个伺服电动机分别驱动工业机器人的6个关节轴，那么每次手动操纵一个关节轴的运动，就称之为单轴运动，如图3-2所示。

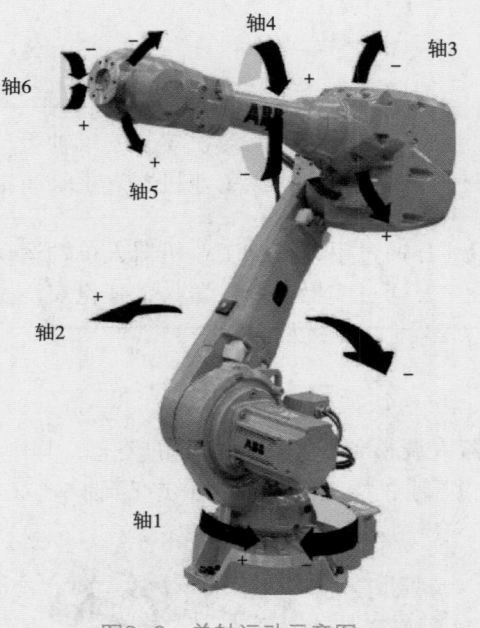

图3-2 单轴运动示意图

手动操纵工业机器人单轴运动

①在软件中调出虚拟示教器。切换到"控制器"功能选项卡，选择"示教器"→"虚拟示教器"命令，如图3-3所示。

②调出虚拟示教器窗口，按照在项目一的任务三中所学到的示教器基础操作方法，将虚拟示教器语言切换成中文。

③从虚拟示教器界面打开虚拟控制面板，将钥匙开关旋到手动限速模式，如图3-4所示。

④单击"ABB"按钮，在示教器主界面中，单击该菜单内的"手动操纵"命令，如图3-5所示。

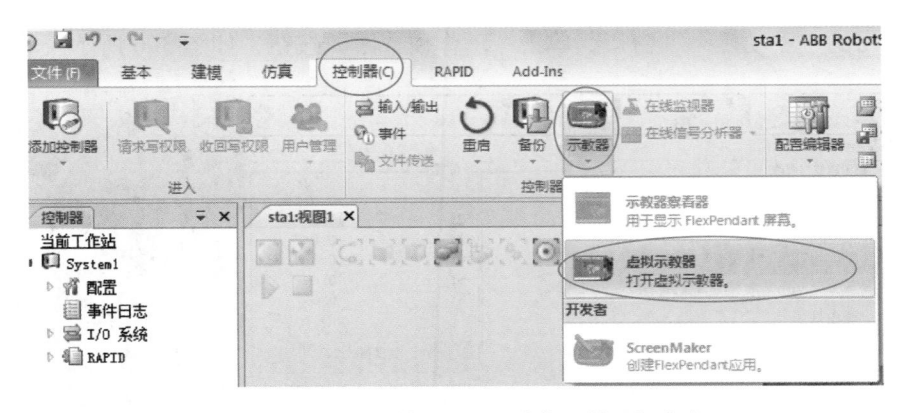

图3-3 选择"示教器"→"虚拟示教器"命令

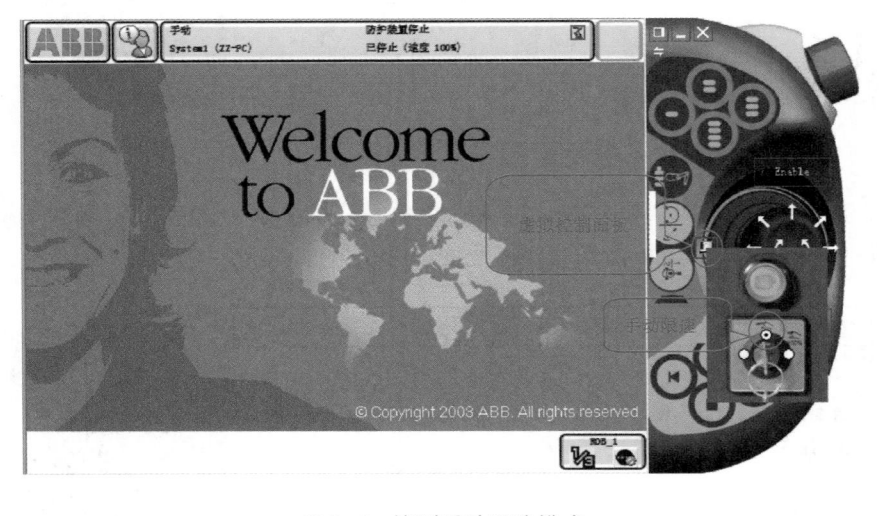

图3-4 旋到手动限速模式

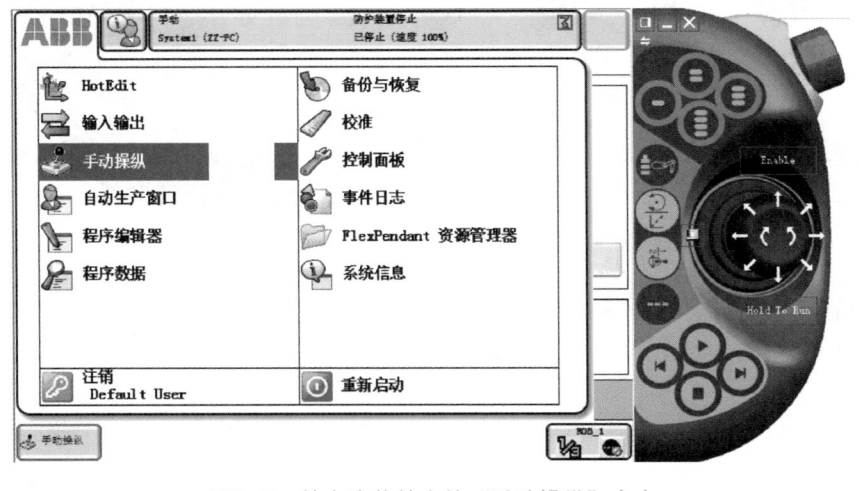

图3-5 单击该菜单内的"手动操纵"命令

⑤在调出的"手动操纵"窗口，单击"动作模式："按钮，如图3-6所示。

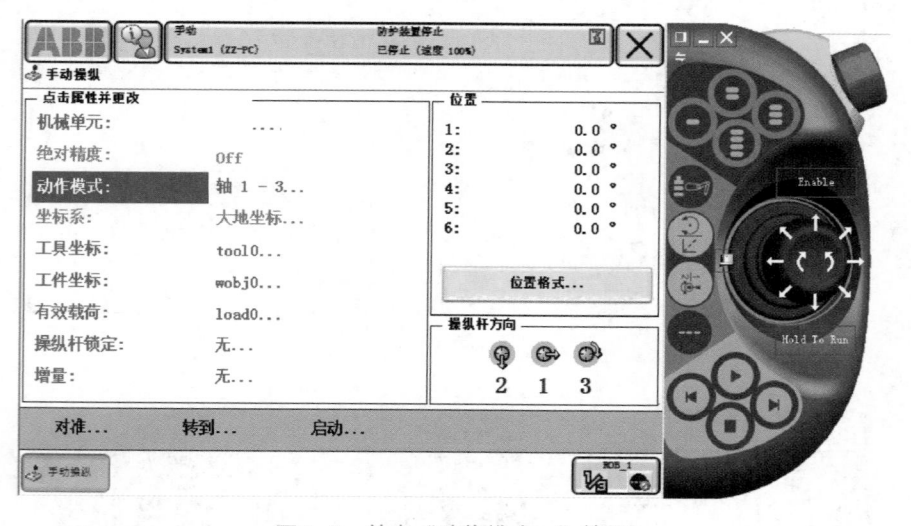

图3-6 单击"动作模式："按钮

⑥在调出的"手动操纵 – 动作模式"窗口，单击"轴 1-3"按钮，再单击"确定"按钮，如图3-7所示，如果单击"轴4-6"按钮，就可以操纵轴4~6。

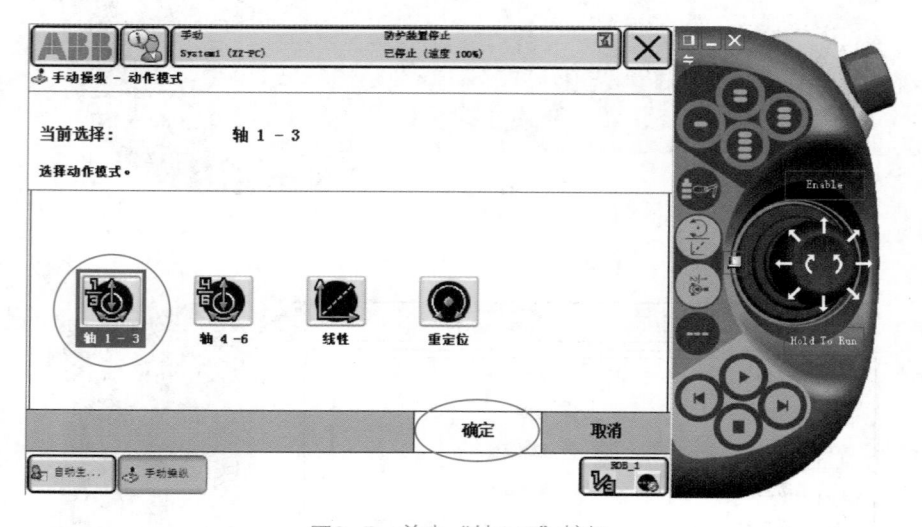

图3-7 单击"轴1-3"按钮

⑦单击虚拟示教器中的使能按钮"Enable"，在状态栏中确认"电动机开启"状态，如图3-8所示（注：在真实示教器中操作此项时请参考项目一中的任务二，正确使用示教器使能按钮）。

⑧在示教器的右下角显示操纵杆方向，如图3-9所示，按照此提示来操作操纵杆以达到动作要求。

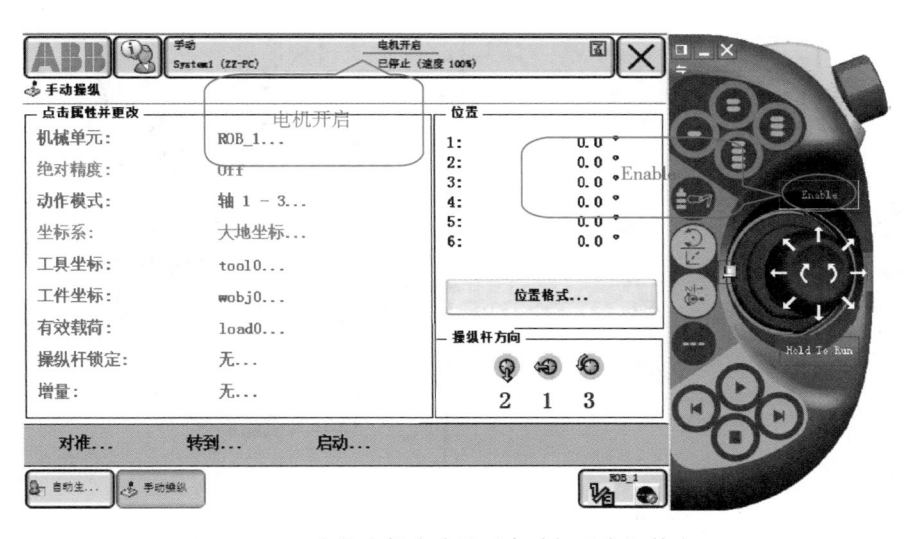

图3-8 在状态栏中确认"电动机开启"状态

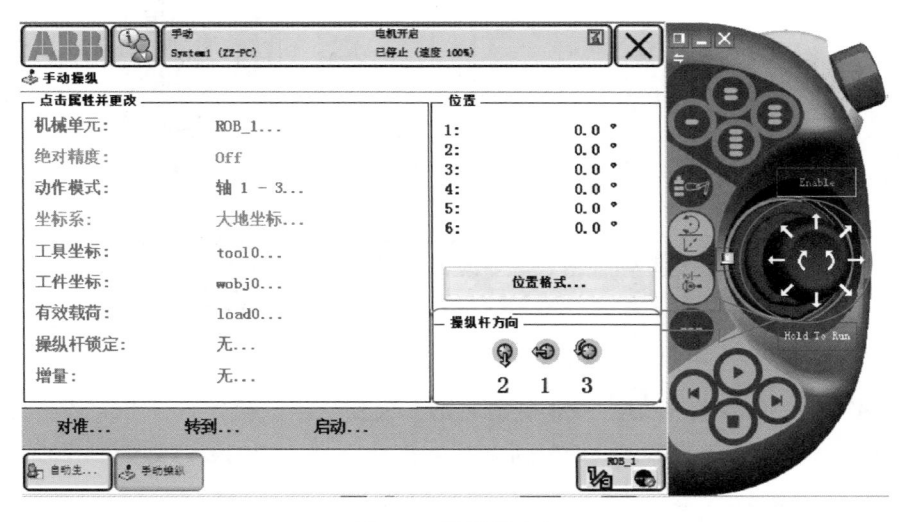

图3-9 操纵杆方向

注意：

　　操纵杆的操纵幅度与工业机器人的运动是相关的。操纵幅度较小，则工业机器人运动速度较慢，操纵幅度较大，则工业机器人运动速度较快。所以在操作时，尽量以小幅度操纵使工业机器人慢慢运动。

　　⑨按照本任务要求，首先移动工业机器人第2轴，操纵杆上移，然后移动工业机器人的第3轴，操纵杆向左旋转，待工业机器人的轴2和轴3到达指定位置，虚拟示教器画面如图3-10所示。

　　⑩重复步骤⑤～⑥，将工业机器人动作模式调整到"轴4-6"，如图3-11所示。

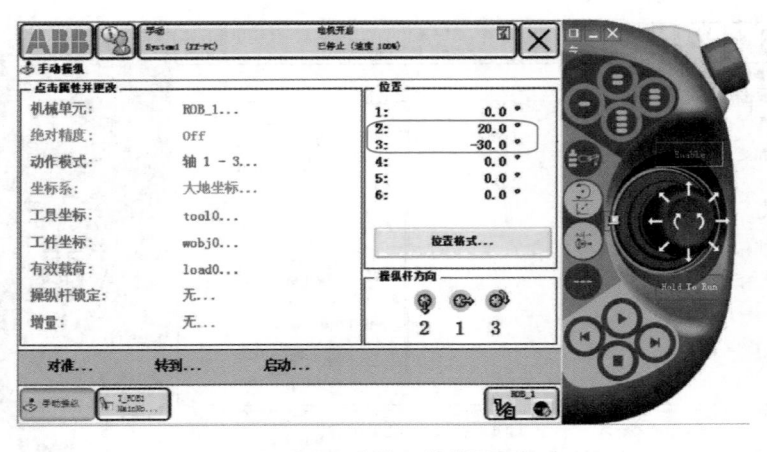

图3-10　虚拟示教器画面

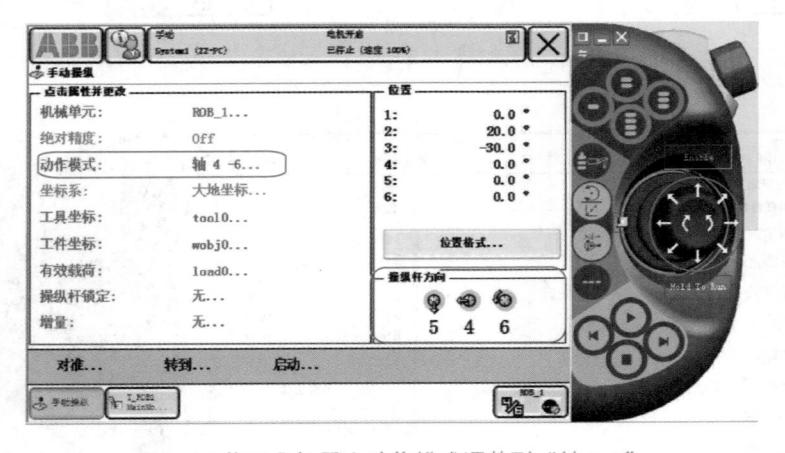

图3-11 将工业机器人动作模式调整到"轴4-6"

⑪移动第 5 轴，操纵杆下移，工业机器人第 5 轴到达指定位置，任务完成，虚拟示教器中显示的角度值如图 3-12 所示，此时，工业机器人在工作站中的姿态如图 3-1 所示。

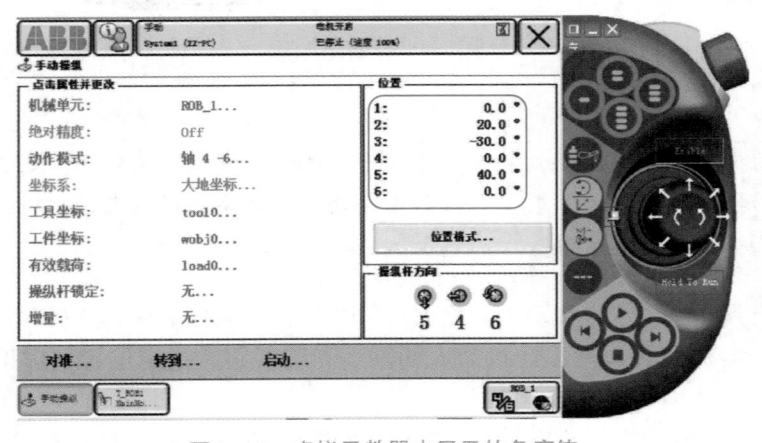

图3-12　虚拟示教器中显示的角度值

任务评价

对任务实施的情况进行评价，见表 3-1。

表3-1 任务评价表

序号	主要内容	考核要求	评分标准	配分	得分
1	工业机器人手动操纵单轴运动	动作模式选择正确，手动操纵运动精准	1. 动作模式不合理，扣 10 分。 2. 各轴运动角度不正确，每轴扣 5 分。 3. 没有运动到任务指定位置，扣 30 分	60	
2	安全操作注意事项	掌握设备操作、设备调试、用电安全知识	理解与掌握安全操作注意事项	40	
合计				100	

任务二 线性运动

情景导入

工业机器人运动到空间中的目标点位置，让多轴联动起来会提高操作者操作效率，以及工业机器人的运动效率。工业机器人手动操纵模式中的线性运动，可以有效控制工业机器人在空间中的位置移动。

学习目标

知识与能力目标	1. 了解什么是工业机器人的线性运动。 2. 掌握手动操纵工业机器人线性运动的操作方法
素养目标	1. 通过使用增量模式反复调整工业机器人位置，养成精益求精的态度。 2. 通过实操工业机器人，强化安全操作意识

任务描述

本任务主要使工业机器人从图 3-13 位置 A 运动到位置 B，其中位置 A 和位置 B 的距离在 X 方向相差 200 mm，在 Z 方向相差 100 mm。

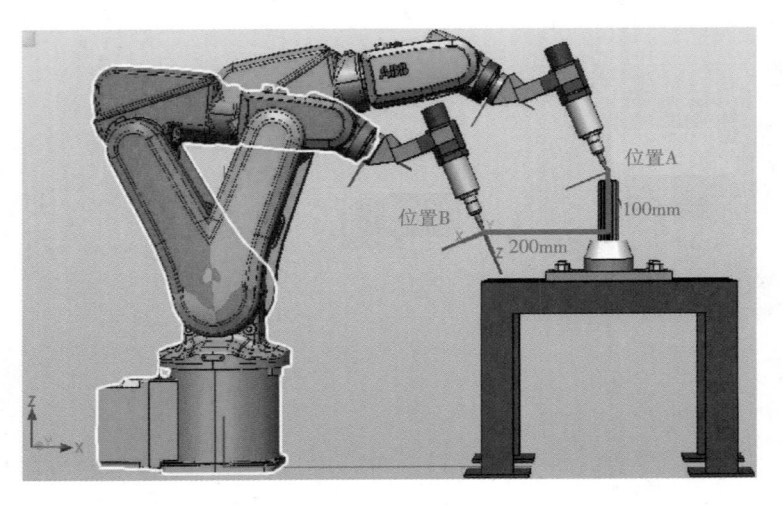

图3-13 工业机器人运动位置

任务分析

由图 3-13 可以看出，工业机器人在空间中的位置变化，在 X 方向和 Z 方向分别变化 200 mm 和 100 mm，先完成 X 方向位置变化，即手动操纵工业机器人 X 方向运动，再完成 Z 方向位置变化，即手动操纵工业机器人 Z 方向运动。

任务实施

相关知识

了解线性运动的定义

工业机器人的线性运动是指安装在工业机器人第六轴法兰盘上工具的 TCP（TCP，Tool Center Point，工具中心点）在空间中作线性运动。工业机器人有一个默认的工具中心点，它位于工业机器人安装法兰盘的中心。如图 3-14 所示，分别为工业机器人默认工具 tool0 中心点和所装载工具 MyTool 中心点。

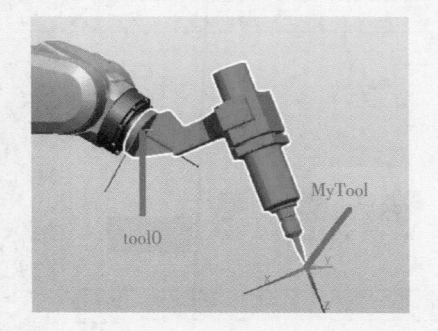

图3-14 工业机器人默认工具tool0中心点和所装载工具MyTool中心点

1. 手动操纵工业机器人线性运动

① 单击"ABB"→"手动操纵"命令，如图 3-15 所示。

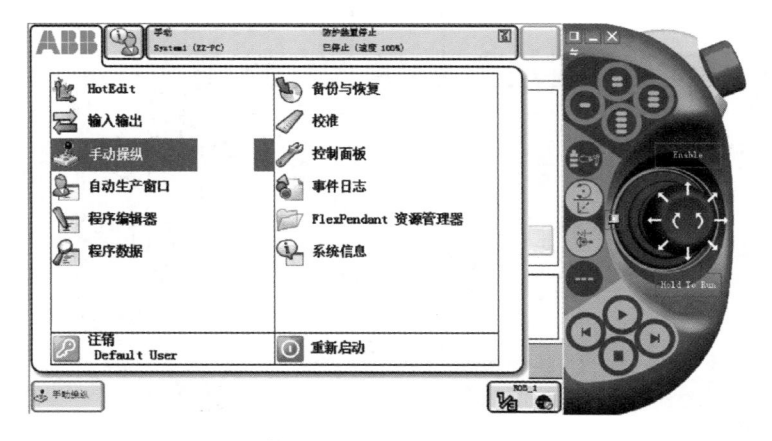

图3-15 单击"ABB"→"手动操纵"命令

②在调出的"手动操纵"窗口，单击"动作模式："按钮，如图3-16所示。

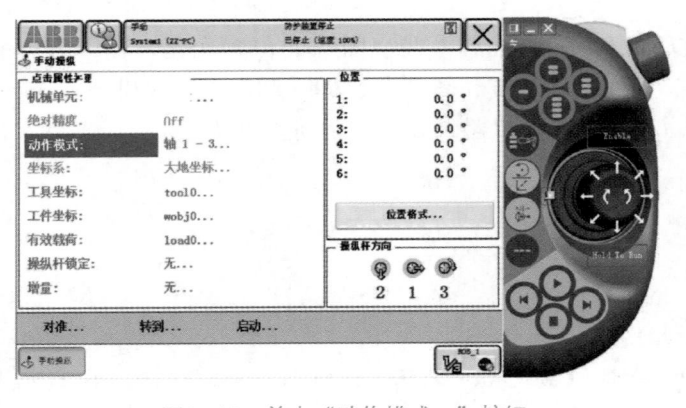

图3-16　单击"动作模式："按钮

③调出"手动操纵 – 动作模式"窗口，单击"线性"按钮，再单击"确定"按钮，如图3-17所示。

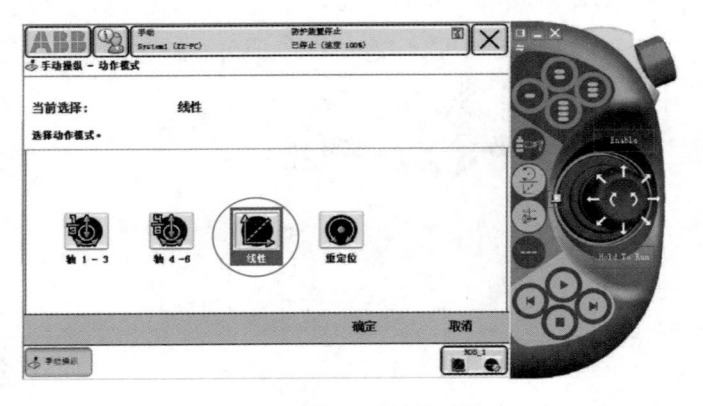

图3-17　单击"线性"按钮

④在手动操纵工业机器人进行线性运动之前，需要在"工具坐标："中指定对应的工具，单击"工具坐标："命令，如图3-18所示。

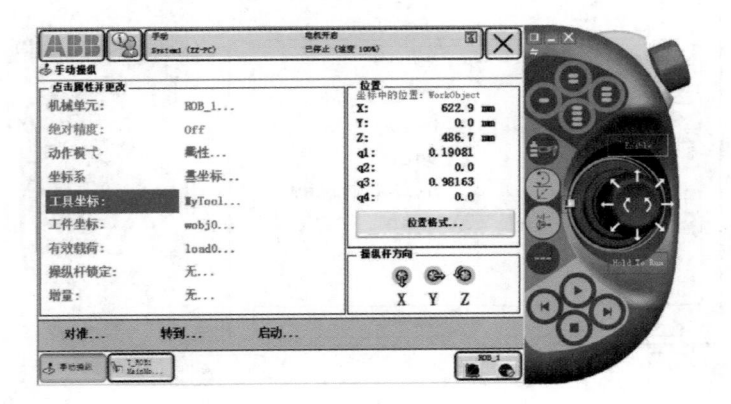

图3-18　单击"工具坐标："命令

⑤要完成本任务，工业机器人需从位置 A 运动到位置 B，对于工具 MyTool 而言，是在基坐标系下的 X 和 Z 向分别移动 200 mm 和 100 mm。那么，在调出的"手动操纵—工具"窗口选中对应的工具"MyTool"，如图 3-19 所示。

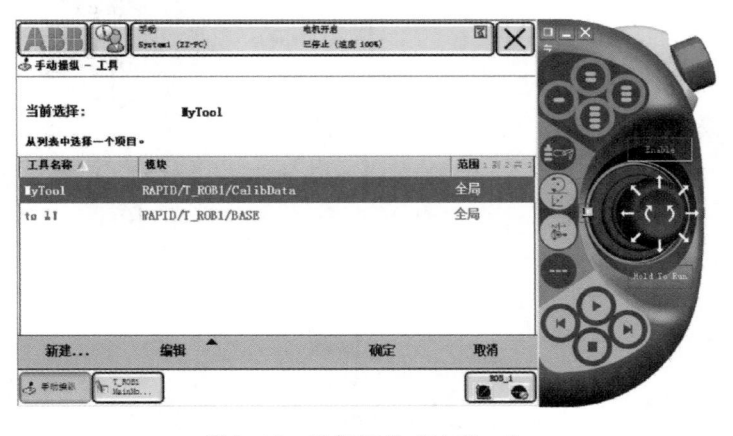

图3-19　选择工具"MgTool"

⑥单击虚拟示教器中的使能按钮"Enable"，在状态栏中确认"电机开启"状态，如图 3-20 所示（注：在真实示教器中操作此项时请参考项目一中的任务二，正确使用示教器使能按钮）。

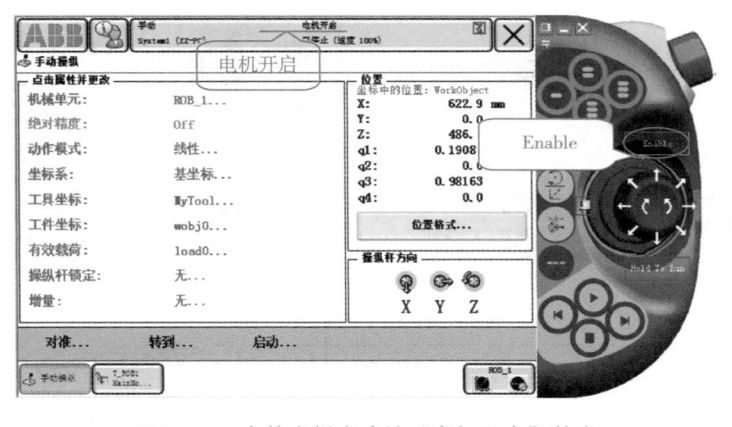

图3-20　在状态栏中确认"电机开启"状态

⑦如图 3-21 所示，右下角显示轴 X、Y、Z 的操纵杆方向，黄色箭头代表正方向。

⑧工具 MyTool 的 TCP 在空间中做线性运动的方向如图 3-22 所示。

⑩上移示教器上的操纵杆，使 TCP 沿 X 负向移动 200 mm，即 X 的位置值变为 422.9 mm，如图 3-23 所示。

⑪右旋示教器上的操纵杆，使 TCP 沿 Z 负向移动 100 mm，即 Z 的位置值变为 387.6 mm，如图 3-24 所示。

⑫工业机器人到达如图 3-25 所示的指定位置，本任务完成。

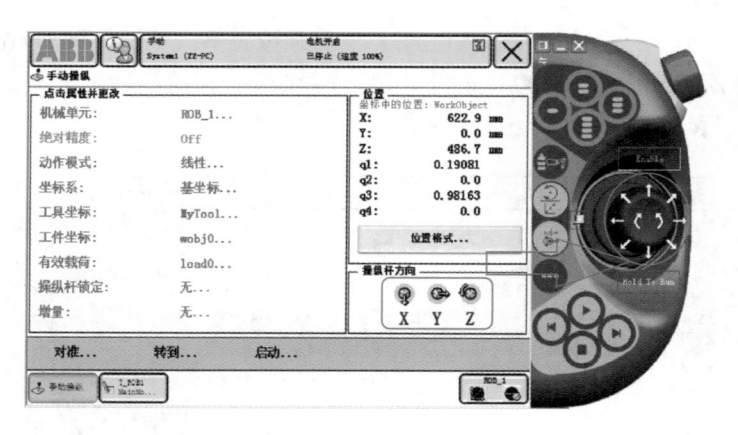

图3-21　右下角显示轴X、Y、Z的操纵杆方向

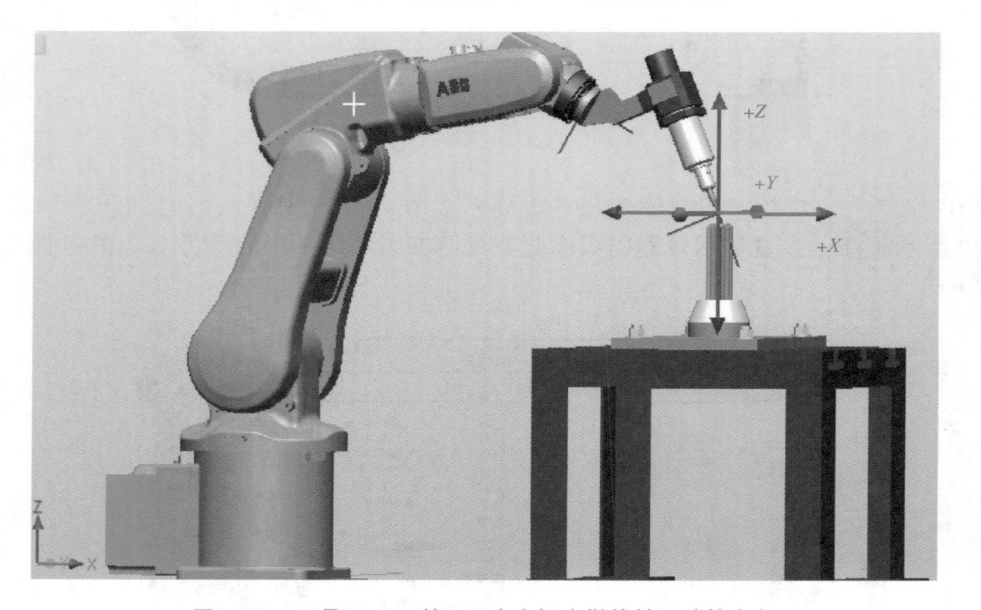

图3-22　工具MyTool的TCP在空间中做线性运动的方向

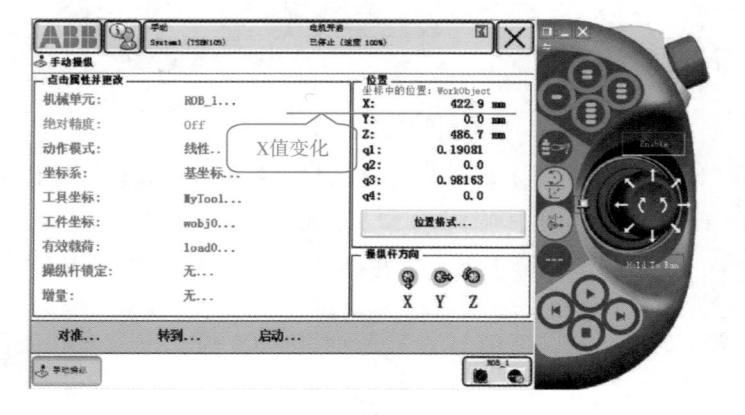

图3-23　X的位置值变为422.9 mm

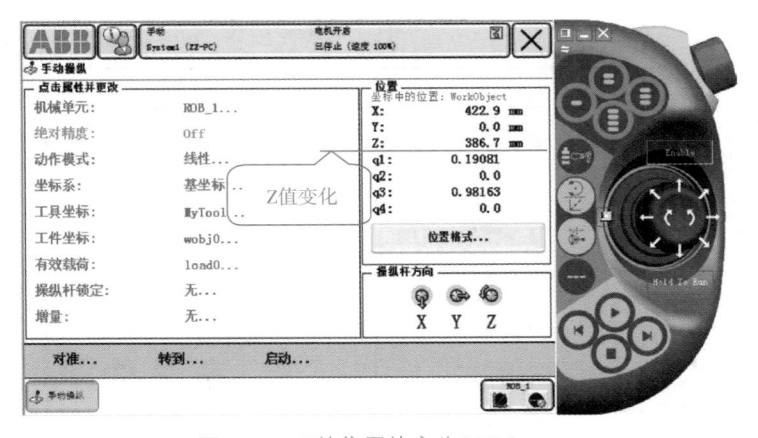

图3-24 Z的位置值变为387.6 mm

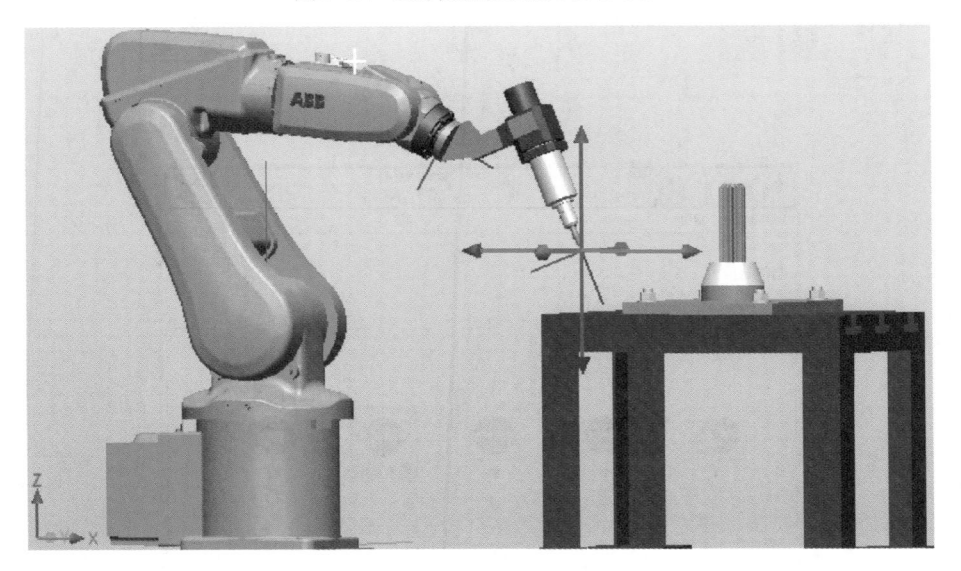

图3-25 工业机器人到达指定位置

2. 熟悉增量模式

相天知识

在实际操作真实示教器时，需要使用操纵杆通过位移幅度来控制工业机器人运动速度可能不太熟练，那么，可以使用"增量"模式来控制工业机器人运动。在增量模式下，操纵杆每位移一次，工业机器人就移动一步。如果操纵杆持续 1 s 或者数秒，工业机器人就会持续移动。

增量模式的操作步骤如下：

①在"手动操纵"窗口，单击"增量："命令，如图 3-26 所示。

②根据需要选择增量的移动距离，然后单击"确定"按钮，如图 3-27 所示。

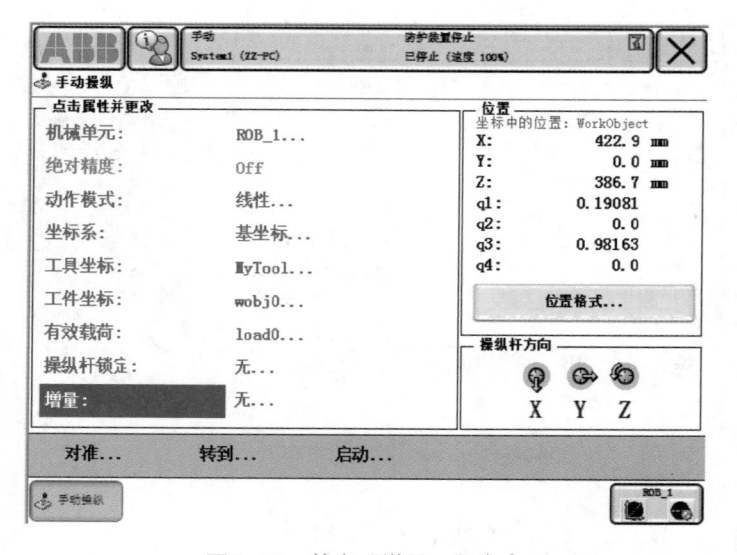

图3-26 单击"增量："命令

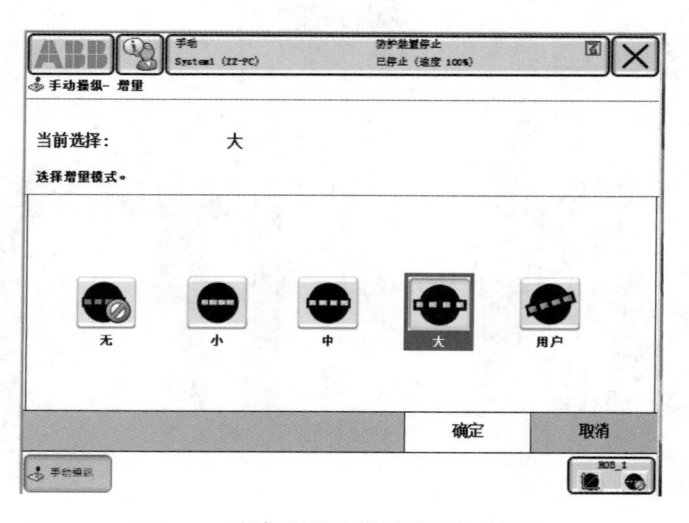

图3-27 根据需要选择增量的移动距离

增量大小与工业机器人运动幅度之间的联系见表3-2。

表3-2 增量大小与工业机器人运动幅度之间的联系

增量	移动距离/mm
小	0.05
中	1
大	5
用户	自定义

任务评价

对任务实施的情况进行评价，见表 3-3。

表3-3 任务评价表

序号	主要内容	考核要求	评分标准	配分	得分
1	工业机器人手动操纵线性运动	动作模式选择正确，手动操纵运动精准	1. 动作模式不合理，扣 10 分。 2. 坐标系中各方向偏移距离不正确，每个方向扣 10 分。 3. 没有运动到任务指定位置，扣 30 分	60	
2	安全操作注意事项	掌握设备操作、设备调试、用电安全知识	理解与掌握安全操作注意事项	40	
合计				100	

任务三　重定位运动

情景导入

当工业机器人运动到空间中某一位置后，发现工业机器人姿态不合适，那么可以固定在原位置点改变工业机器人姿态，这个时候需要用到重定位运动。

学习目标

知识与能力目标	1. 了解什么是工业机器人的重定位运动。 2. 掌握手动操纵工业机器人重定位运动的操作方法
素养目标	1. 通过重定位运动精确调整机器人姿态，养成严谨认真的习惯。 2. 通过实操工业机器人，强化安全操作意识

任务描述

本次任务主要使工业机器人工具MyTool的姿态由图3-28所示的姿态A调整到姿态B，此时，MyTool垂直于桌面方向。

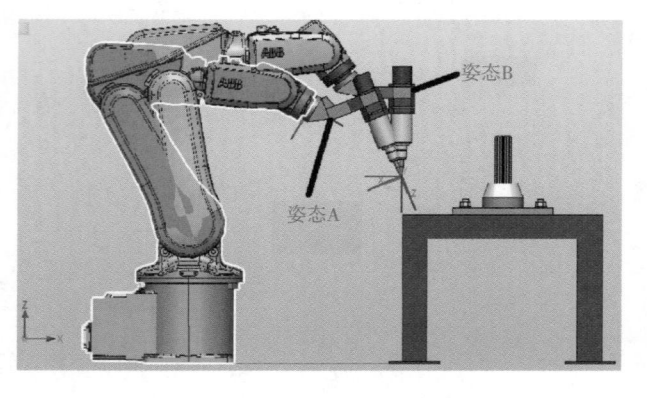

重定位运动

图3-28　工业机器人工具MyTool的姿态

任务分析

根据任务描述，需要调整工业机器人末端工具姿态，可以调整绕 X 方向变化的姿态，即手动操纵重定位调整 X 方向，再调整绕 Y 方向变化的姿态，即手动操纵重定位调整 Y 方向。

任务实施

相关知识

了解重定位运动的定义

工业机器人的重定位运动是指工业机器人第六轴法兰盘上的 TCP 在空间中绕坐标轴旋转的运动，也可以理解为工业机器人绕 TCP 作姿态调整的运动。如图 3-29 所示为工业机器人作重定位运动时的运动方向。

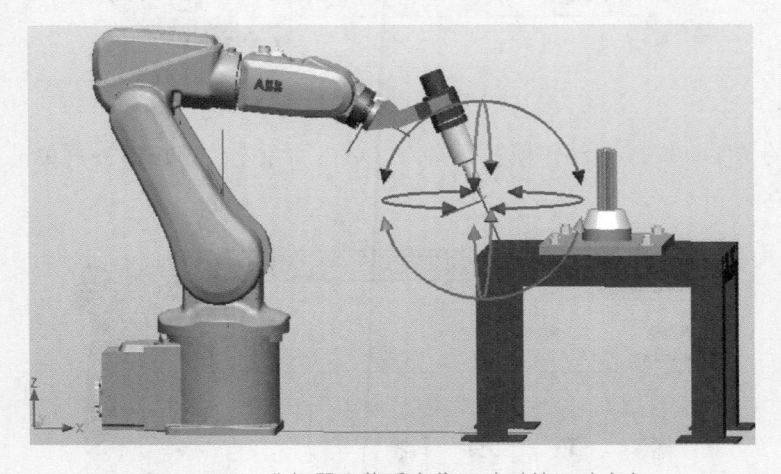

图3-29　工业机器人作重定位运动时的运动方向

手动操纵工业机器人重定位运动

① 单击"ABB"按钮，在示教器主界面中，单击该菜单内的"手动操纵"命令，如图 3-30 所示。

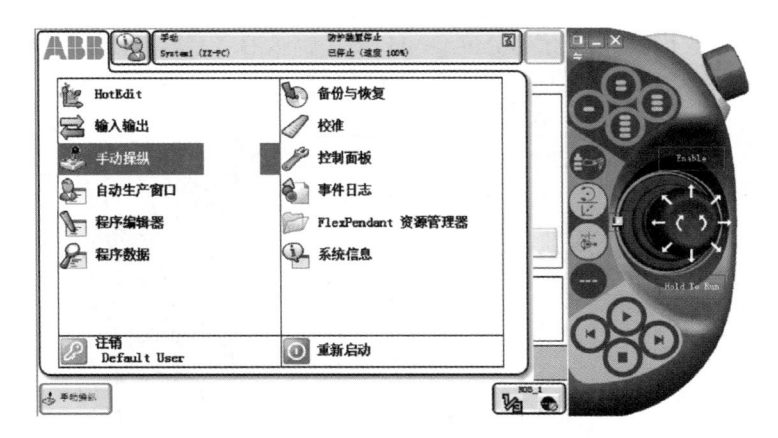

图3-30　单击该菜单内的"手动操纵"命令

②在调出的"手动操纵"窗口，单击"动作模式："按钮，如图 3-31 所示。

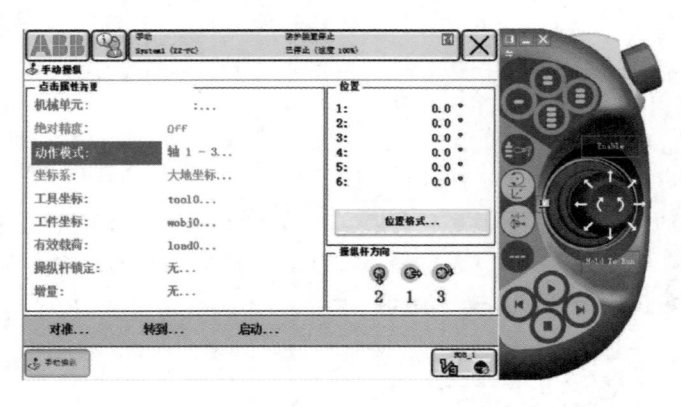

图3-31　单击"动作模式："按钮

③在调出的"手动操纵 – 动作模式"窗口，单击"重定位"按钮，再单击"确定"按钮，如图3-32所示。

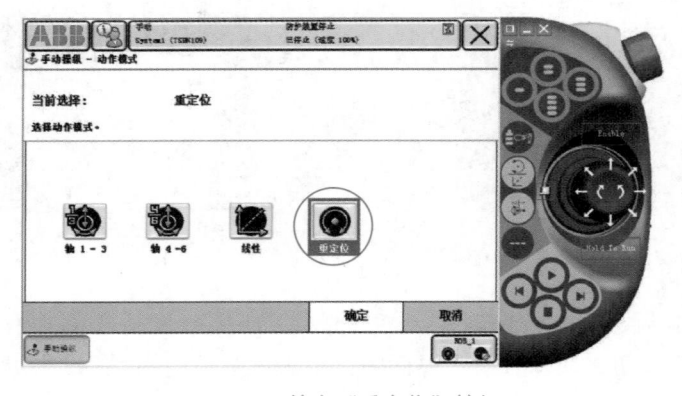

图3-32　单击"重定位"按钮

④在手动操纵工业机器人进行重定位运动之前，需要在"工具坐标："中指定对应的工具，单击"工具坐标："命令，确定所选工具为"MyTool"，如图3-33所示。

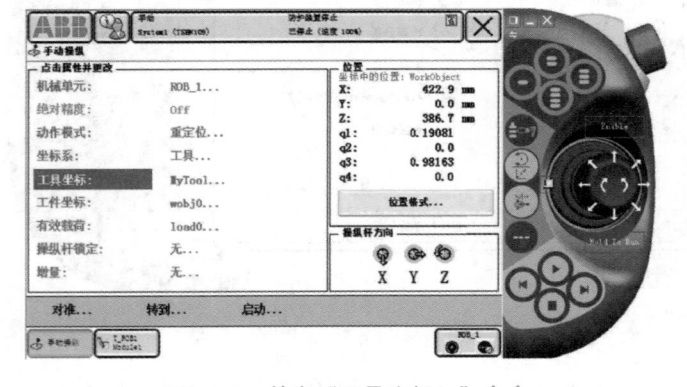

图3-33　单击"工具坐标："命令

⑤手动操纵工业机器人的重定位运动，也需要选择运动所参考的坐标系，在这里单击"坐标系"命令，如图 3–34 所示。

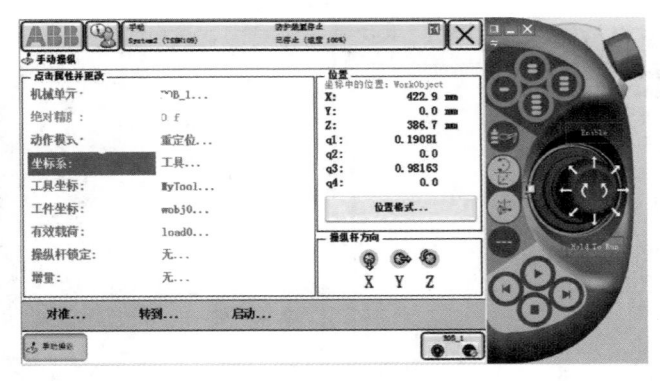

图3–34 单击"坐标系"命令

⑥在调出的"手动操作–坐标系"窗口，单击"工具"按钮，再单击"确定"按钮，如图 3–35 所示。

图3–35 单击"工具"按钮

⑦单击虚拟示教器中的使能按钮"Enable"，在状态栏中确认"电机开启"状态，如图 3–36 所示（注：在真实示教器中操作此项时请参考任务一中的任务二，正确使用示教器使能按钮）。

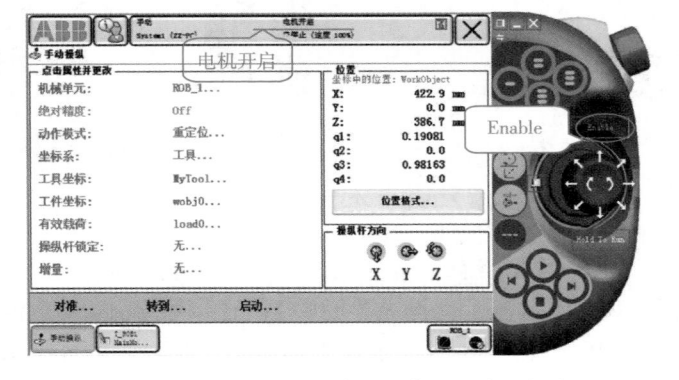

图3–36 在状态栏中确认"电机开启"状态

⑧如图 3-37 所示，右下角显示轴 X、Y、Z 的操纵杆方向，黄色箭头代表正方向，X、Y、Z 分别表示工业机器人工具绕着 X、Y、Z 轴旋转。

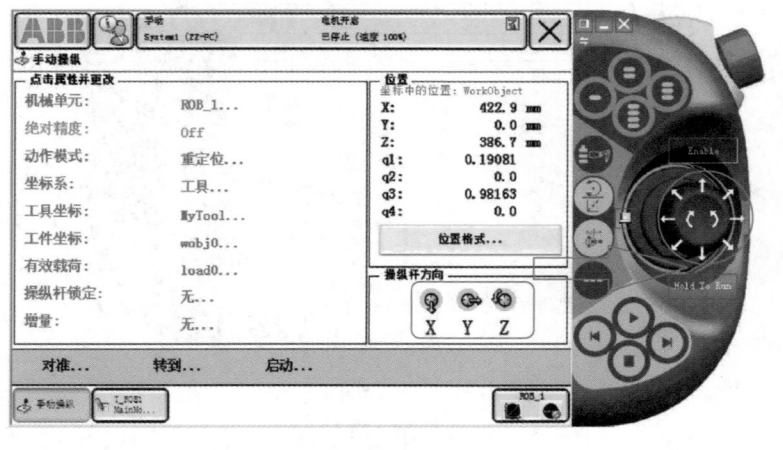

图3-37　操纵杆方向

⑨工具 MyTool 的 TCP 在空间中做重定位运动的方向如图 3-38 所示，

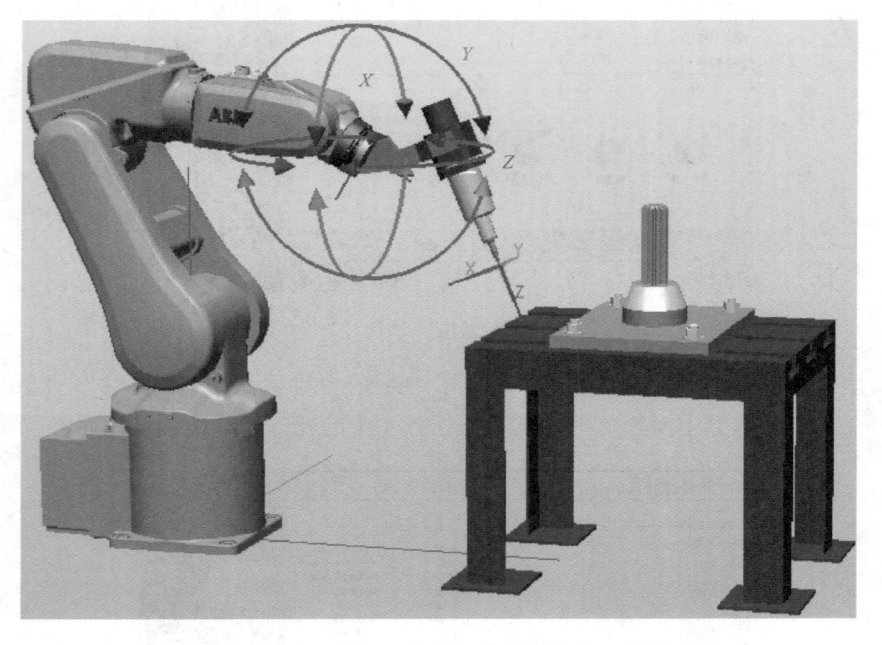

图3-38　MyTool的TCP在空间中做重定位运动的方向

⑩分析本次任务要求，对比姿态 A 与姿态 B，需要工业机器人工具 MyTool 绕着 Y 轴旋转，缓慢右移操纵杆，观察示教器手动操纵界面中"位置"栏的 q1~q4 数值，如图 3-39 所示。当 q3=1 时（其余 q 值为 0），工具 MyTool 垂直于桌面，达到要求的姿态 B，如图 3-40 所示，本次任务完成。

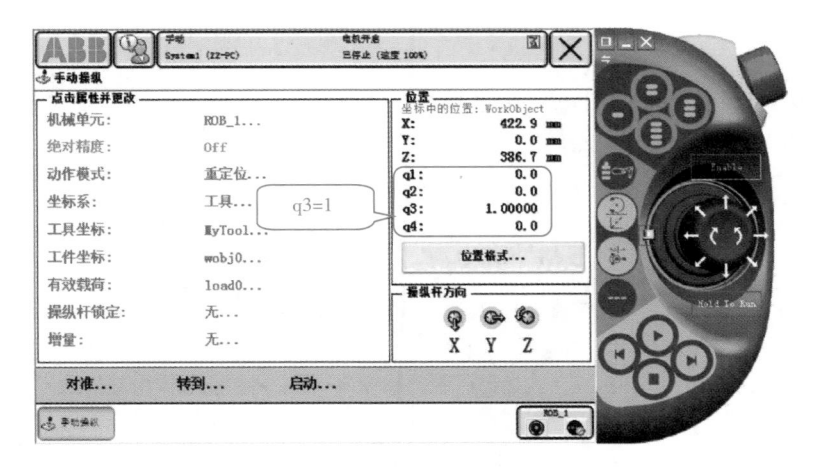

图3-39 观察示教器手动操纵界面中"位置"栏的q1~q4数值

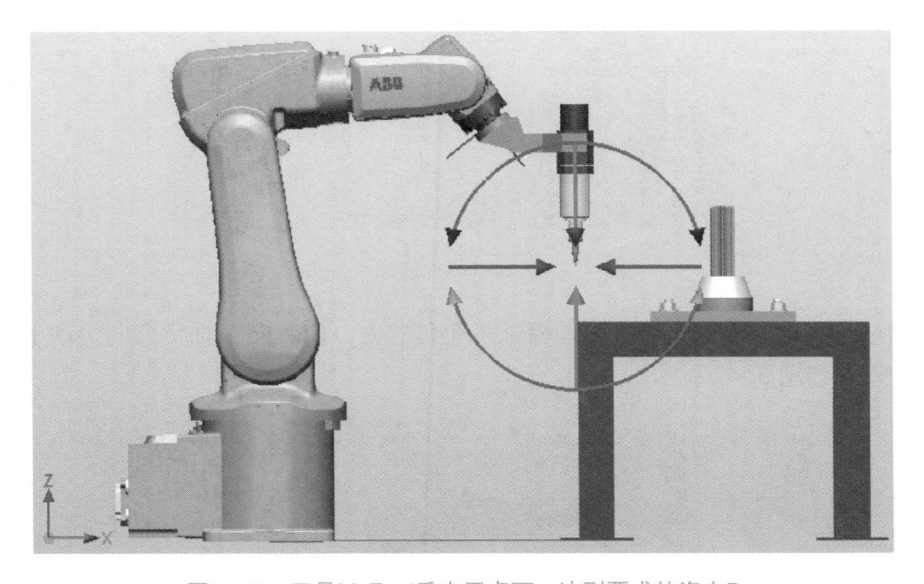

图3-40 工具MyTool垂直于桌面，达到要求的姿态B

 任务评价

对任务实施的情况进行评价，见表3-4。

表3-4 任务评价表

序号	主要内容	考核要求	评分标准	配分	得分
1	工业机器人手动操纵重定位运动	动作模式选择正确，手动操纵运动精准	1. 动作模式不合理，扣10分。 2. 姿态调整不正确，每项扣10分。 3. 没有调整到任务指定姿态，扣30分	60	
2	安全操作注意事项	掌握设备操作、设备调试、用电安全知识	理解与掌握安全操作注意事项	40	
合计				100	

练习作业

1. 在工业机器人工作站 sta1 中，手动操纵工业机器人运动，使其 6 轴的角度值分别为轴 1（10°）、轴 2（20°）、轴 3（–30°）、轴 4（0°）、轴 5（30°）和轴 6（0°），效果如图 3–41 所示。

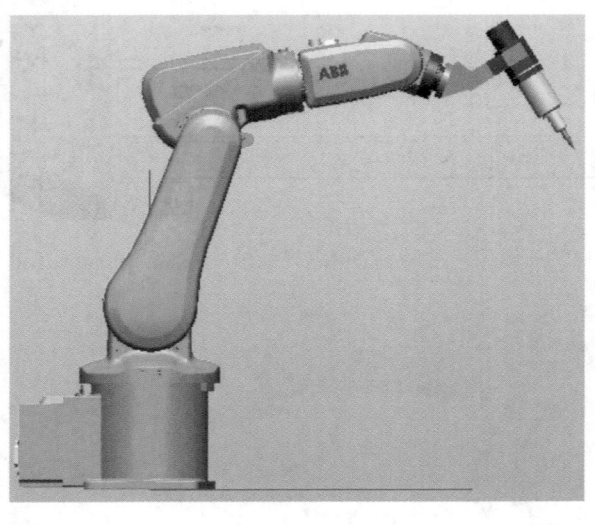

图3–41　工业机器人运动后的效果

2. 在练习作业 1 的基础上，再手动操纵工业机器人，使其向 Z 轴负方向运动 100 mm，任务完成后的效果如图 3–42 所示。

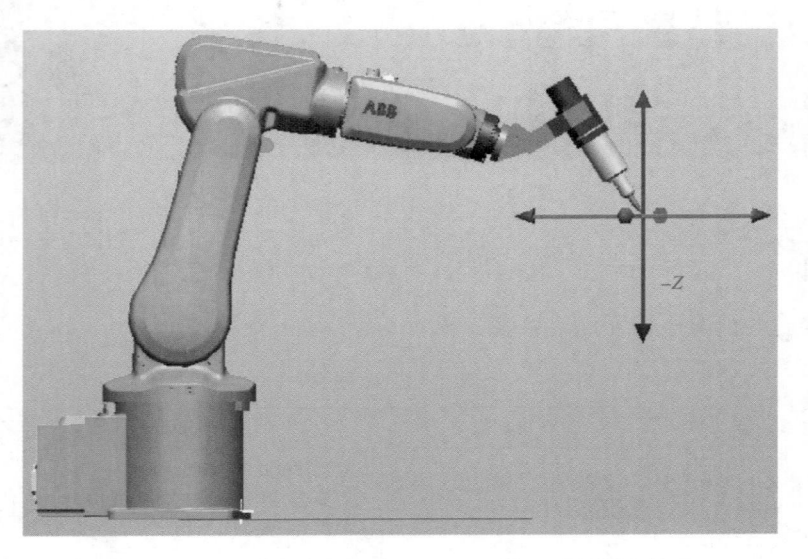

图3–42　向Z轴负方向运动100 mm后的工业机器人效果

项目四
工业机器人坐标系设定

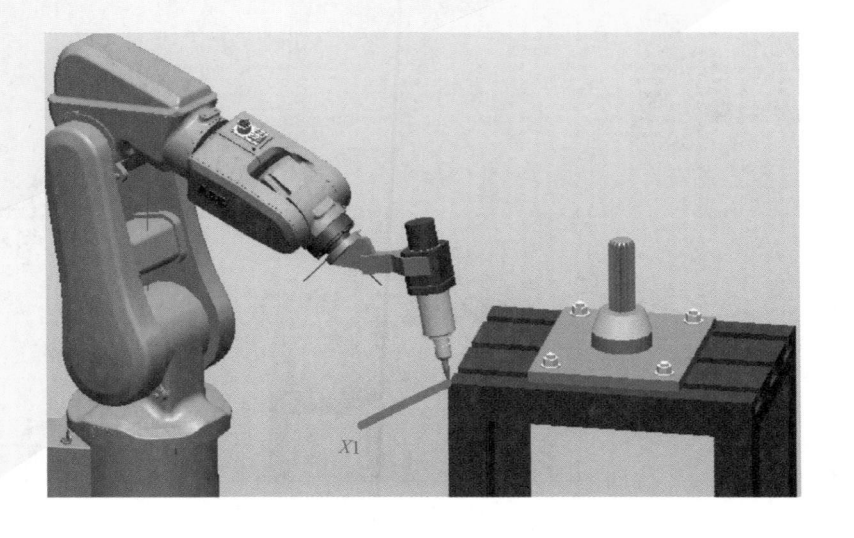

在进行正式的编程之前，就需要构建必要的编程环境，工业机器人的工具数据和工件坐标系就需要在编程前进行定义。

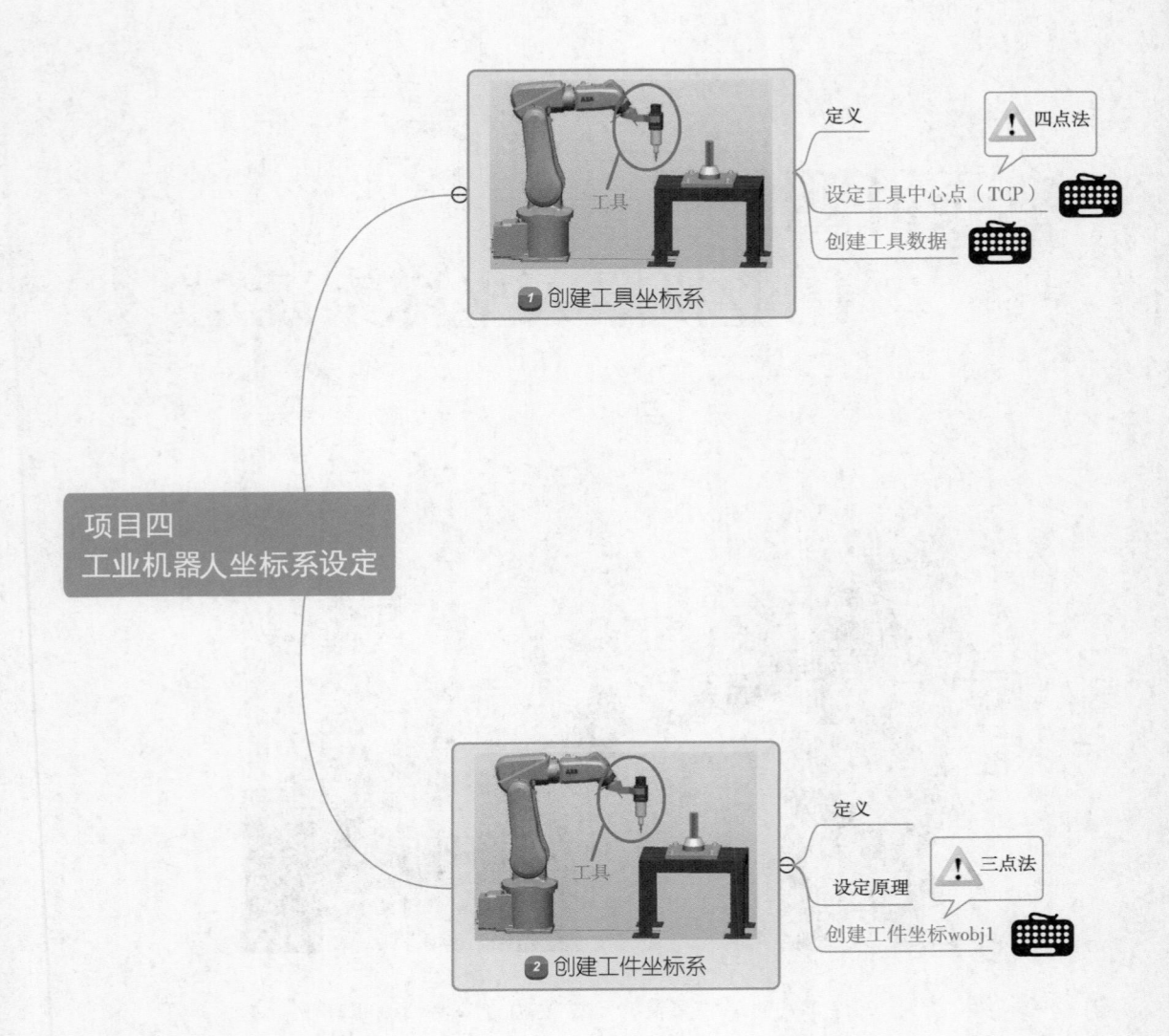

项目四
工业机器人坐标系设定

定义

设定工具中心点（TCP）

创建工具数据

四点法

1 创建工具坐标系

定义

设定原理

创建工件坐标wobj1

三点法

2 创建工件坐标系

红色：　重点

⚠　难点

⌨　操作

任务一　创建工具坐标系

情景导入

在企业生产现场，无论何种工业机器人应用，工业机器人的法兰盘都会安装相应的工具，使得工业机器人更好地工作。当工业机器人安装工具或者夹具时，都需要对工业机器人安装的工具进行 TCP 设定，工具坐标的设定是工业机器人非常基础典型的一个设置，这是工业机器人操作调试等岗位的必备技能。

学习目标

知识与能力目标	1. 了解工业机器人工具数据。 2. 学会创建工业机器人工具数据
素养目标	1. 注重 6 点法创建工具数据的取点顺序，养成规范严谨的习惯。 2. 通过精准示教 6 点法中的各个点位，减小工具数据创建误差，培养精益求精的精神

任务描述

在已建的工作站和工业机器人系统上，学习工业机器人工具数据的创建方法，为图 4-1 中的工具设定工具数据。

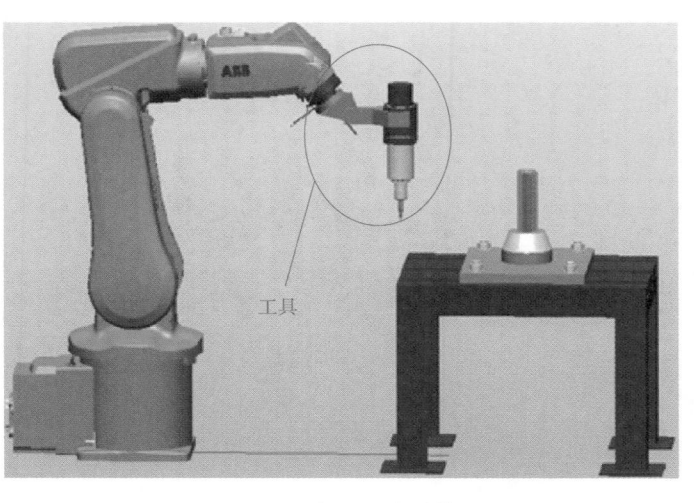

工具

图4-1　工业机器人安装的工具

创建工业机器人
工具数据

任务分析

要创建的 TCP 在工业机器人笔形工具末端尖点，针对尖点创建工具坐标系。如图 4-1 所示，首先在工业机器人工作范围内找一个固定点，在工具上确定一个参考点（最好是 TCP）。用手动操纵工业机器人的方法，移动工具上的参考点，以 4 种以上不同的工业机器人姿态尽可能与固定点刚好接触。为了获得更准确的 TCP，使用 6 点法操作，使用摇杆将工具参考点接触固定点，作为第 1 个点；在连续两次任意改变工业机器人姿态，使工具参考点接触固定点，分别作为第 2 个点和第 3 个点；改变工业机器人姿态，使工具的参考点垂直于固定点，作为第 4 点；以点 4 的姿态使工具参考点从固定点向将要设定为 TCP 的 X 方向移动，延伸器点 X 的位置作为第 5 点；再以点 4 的姿态使工具参考点从固定点向将要设定为 TCP 的 Z 方向移动；延伸器点 Z 位置作为第 6 点。

工业机器人通过这几个位置点的位置数据计算求得 TCP 的数据，这样 TCP 的数据就保存在 tooldata 程序数据中，以便被程序调用。

任务实施

相关知识

工业机器人工具数据的定义

工具数据（tooldata）用于描述安装在工业机器人第 6 轴上的工具的 TCP、质量、重心等参数数据。一般不同的工业机器人应用配置不同的工具。例如，弧焊工业机器人使用弧焊枪作为工具，搬运板材的工业机器人使用吸盘式的夹具作为工具。执行工业机器人程序时，工业机器人将 TCP 移至编程位置。因此，如果要更改工具及工具坐标系，则工业机器人的移动也会随之改变，以便新的 TCP 到达目标。如图 4-2 所示为焊枪模型及其 TCP。

另外，所有工业机器人在手腕处都有一个预定义工具坐标系，该坐标系称为 tool0。如图 4-3 所示。

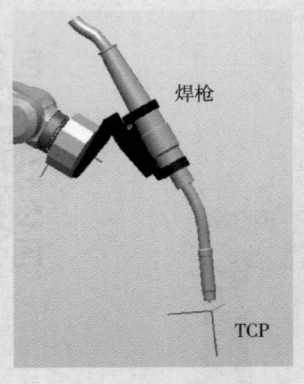

图4-2　焊枪模型及其TCP

图4-3　tool0

1. 设定固定点和工具参考点

①在工业机器人工作范围内找一个非常精确的固定点，以如图 4-4 所示螺钉位置作为固定点。

②以工业机器人工具上的 TCP 作为参考点，如图 4-4 所示。

2. 创建工具数据

①单击"ABB"→"手动操纵"命令，如图 4-5 所示。在调出的"手动操纵"界面，单击"工具坐标："按钮，如图 4-6 所示。

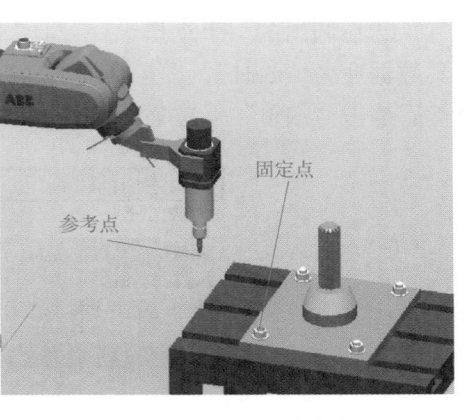

图4-4　固定点和参考点

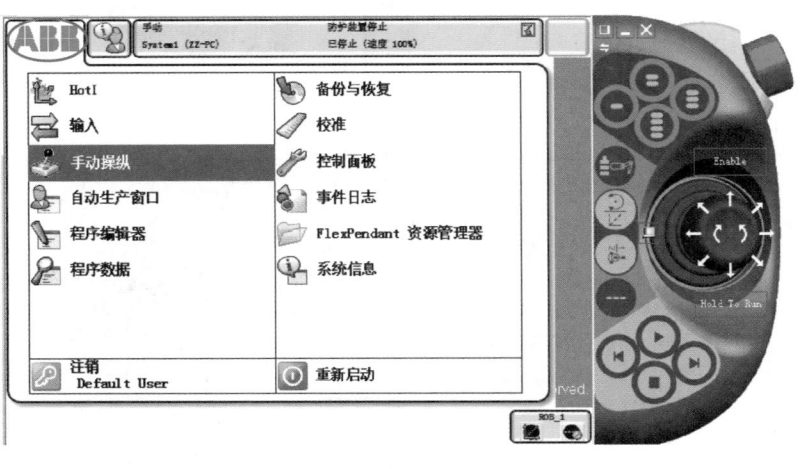

图4-5　单击"ABB"→"手动操纵"命令

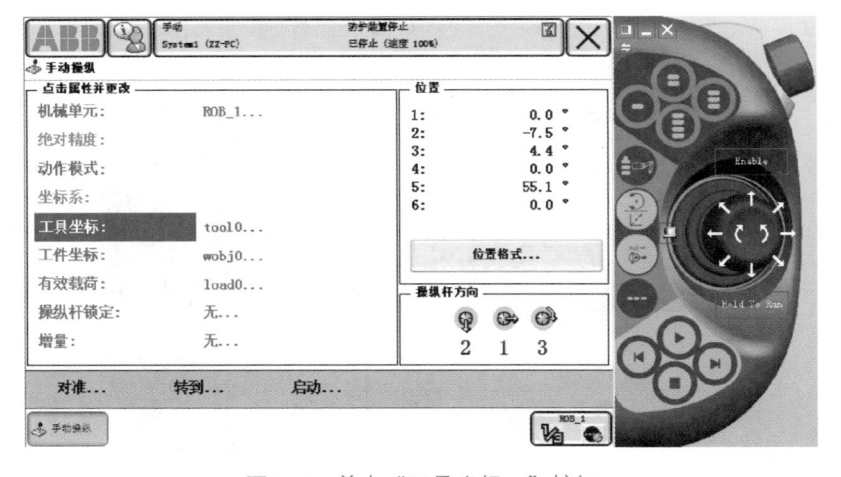

图4-6　单击"工具坐标："按钮

②在调出的"手动操纵—工具"界面，单击"新建..."按钮，如图4-7所示。为新建工具数据命名"tool1"，设定其各项属性后，单击"确定"按钮，如图4-8所示。选中"tool1"，然后单击"编辑"下拉菜单中的"定义"选项，如图4-9所示。

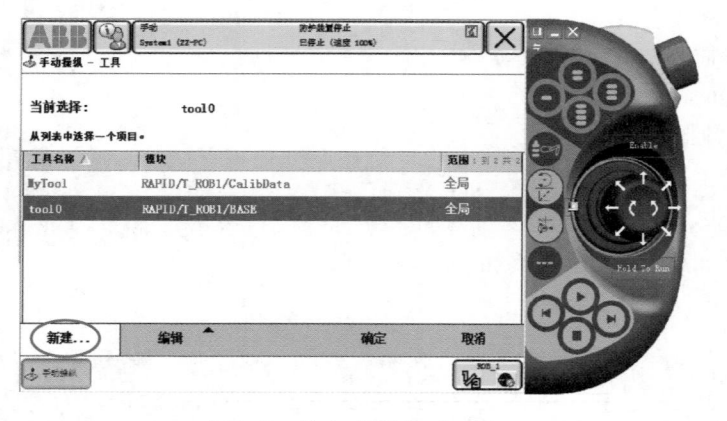

图4-7 单击"新建..."按钮

图4-8 为命名的"tool1"的工具数据设定属性

图4-9 单击"编辑"下拉菜单中的"定义"选项

③单击"方法"下拉列表框，选择"TCP 和 Z，X"选项，使用 6 点法设定 TCP，如图 4-10 所示。

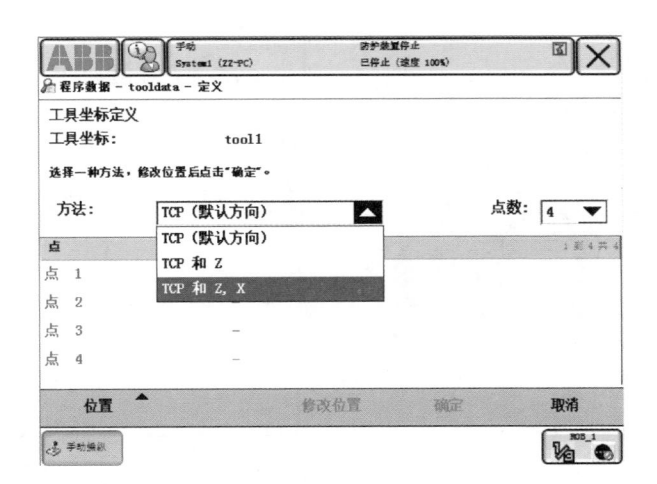

图4-10　选择"TCP和Z，X"选项

④选择合适的手动操纵模式，并按下使能按钮，使用摇杆将工具参考点接触固定点，作为第 1 个点。如图 4-11 所示。(手动操纵方法参考项目三中的相关内容)单击"修改位置"按钮，记录点 1 位置，如图 4-12 所示。

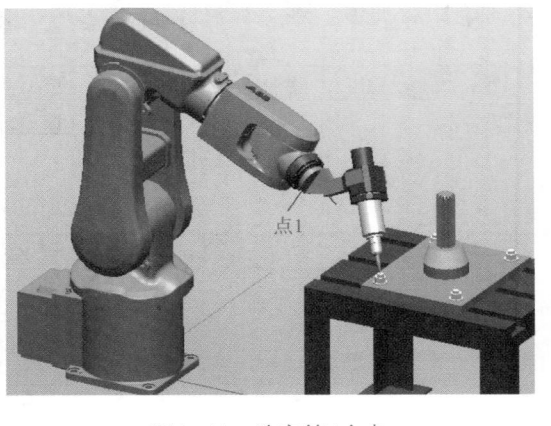

图4-11　选定第1个点

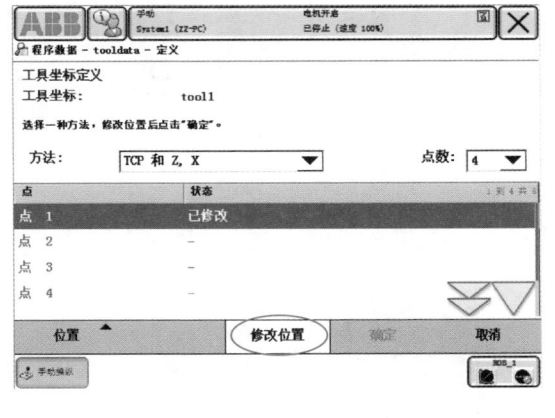

图4-12　记录点1位置

⑤变化工业机器人工具姿态，使工具参考点以如图 4-13 所示的姿态接触固定点。单击"修改位置"按钮，记录点 2 位置，如图 4-14 所示。

⑥变化工业机器人工具姿态，使工具参考点以如图 4-15 所示的姿态接触固定点。单击"修改位置"按钮，记录点 3 位置，如图 4-16 所示。

⑦变化工业机器人工具姿态，使工具参考点垂直接触固定点，如图 4-17 所示，作为第 4 个点。单击"修改位置"按钮，记录点 4 位置，如图 4-18 所示。

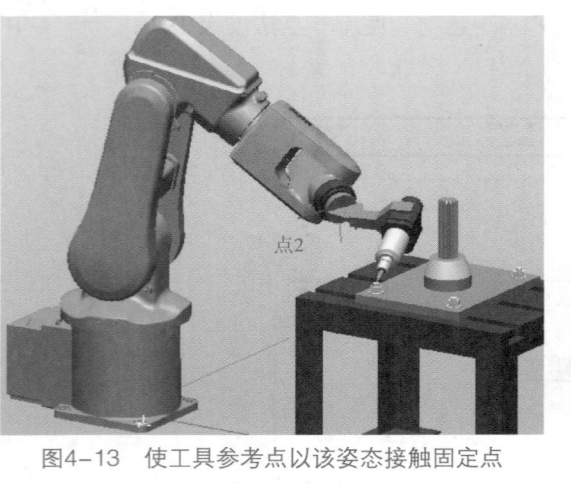

图4-13 使工具参考点以该姿态接触固定点

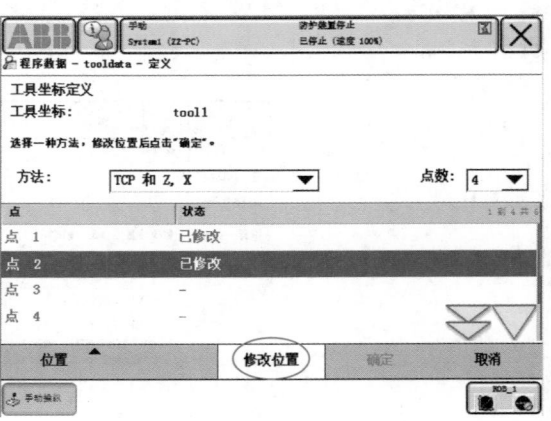

图4-14 记录点2位置

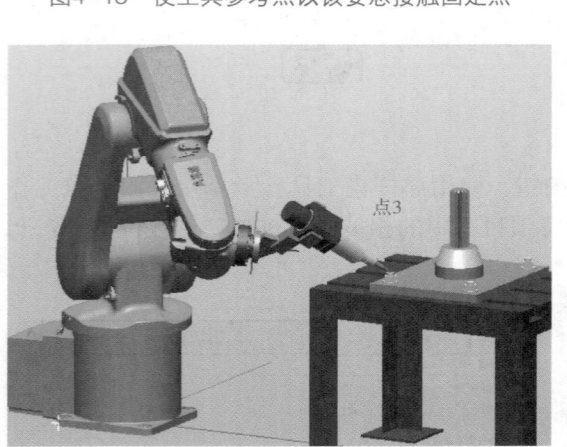

图4-15 使工具参考点以该姿态接触固定点

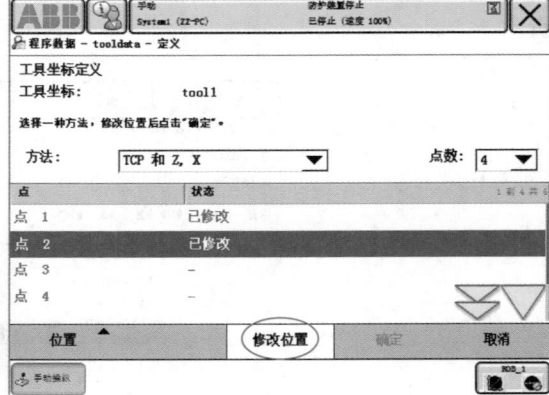

图4-16 记录点3位置

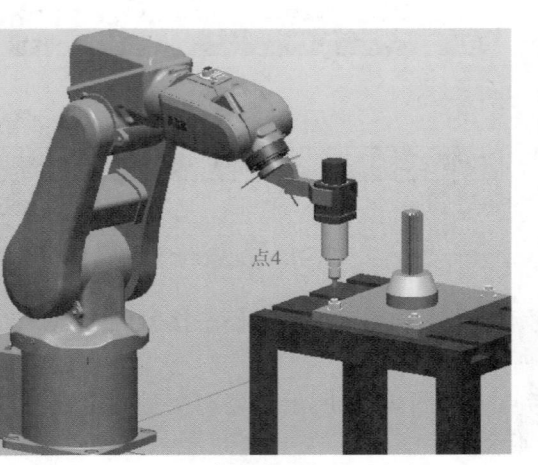

图4-17 工具参考点垂直于固定点

图4-18 记录点4位置

⑧工具参考点以点4的姿态从固定点移动到TCP的+X方向，如图4-19所示。单击"修改位置"按钮，记录延伸器点X位置，如图4-20所示。

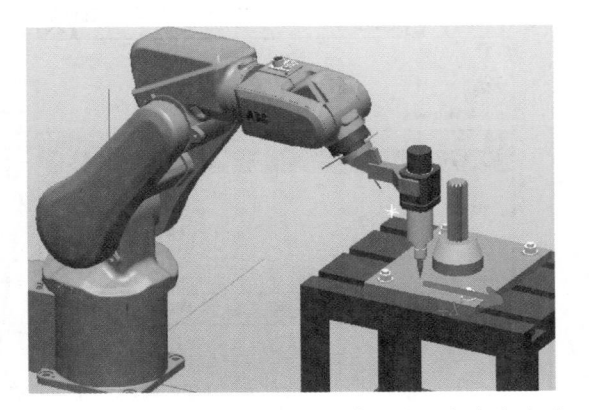

图4-19 工具参考点以点 4 的姿态从固定点移动到 TCP 的 +X 方向

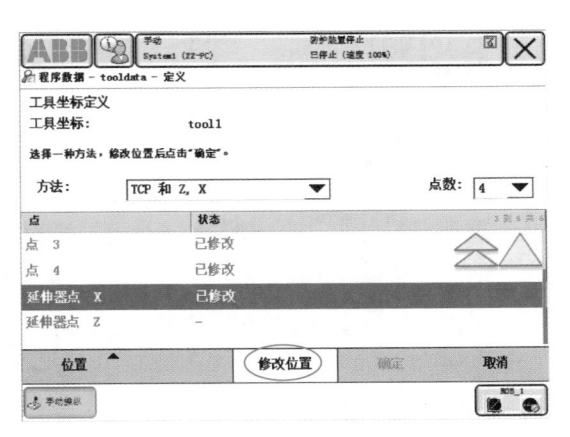

图4-20 记录延伸器点X位置

⑨工具参考点以点 4 姿态移动到 TCP 的 +Z 方向，如图 4-21 所示。单击"修改位置"按钮，记录延伸器点 Z 位置，然后单击"确定"按钮完成设定（见图 4-22），出现如图 4-23 所示的误差确认界面，对误差进行确认，误差应该越小越好，但也要以实际验证效果为准，单击"确定"按钮。调出如图 4-24 所示界面选中"tool1"，然后选择"编辑"下拉菜单中的"更改值"选项，调出如图 4-25 所示的界面，单击右下角箭头按钮向下翻页，找到有工具的质量 mass（单位 kg）一栏，根据实际情况进行设定，本任务将其更改为 1，然后单击"确定"按钮。

图4-21 工具参考点以点 4 姿态移动到 TCP 的+Z 方向

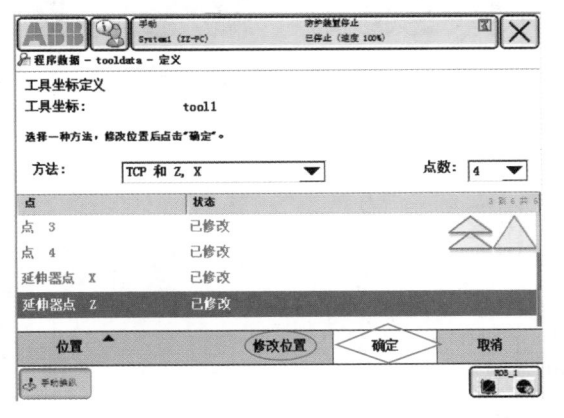

图4-22 记录延伸器点Z位置并单击"确定"按钮完成设定

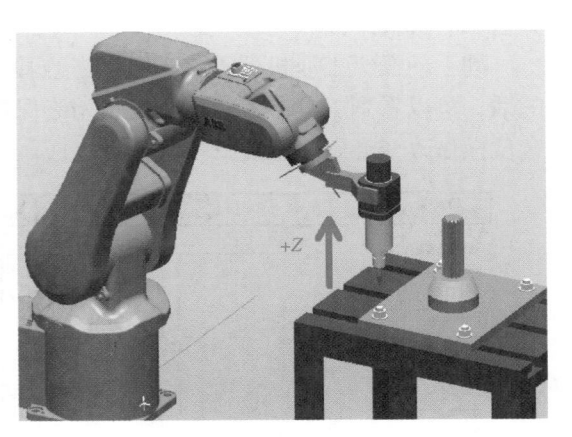

图4-23 确认误差

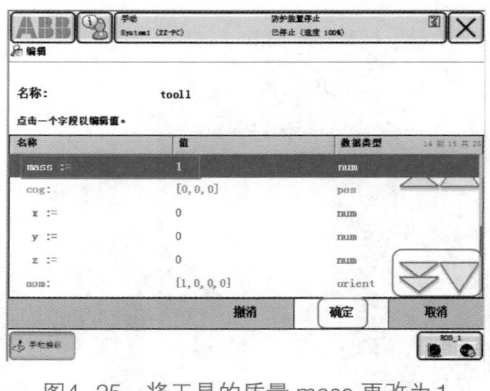

图4-24 单击"编辑"下拉菜单中的"更改值"选项　　图4-25 将工具的质量 mass 更改为1

⑩设定完成的工具数据tool1需要在重定位模式下手动操纵验证TCP是否精准。如图4-26所示，返回"手动操纵"界面，"动作模式："选择"重定位"，"坐标系："选择"工具"，"工具坐标"选择"tool1"。

⑪手动操纵工业机器人将工具参考点接触固定点，在重定位模式下，如果TCP设定精确的话，可以看到工具参考点与固定点始终保持接触，如图4-27所示，而工业机器人会根据重定位操作改变姿态。至此，本次任务完成。

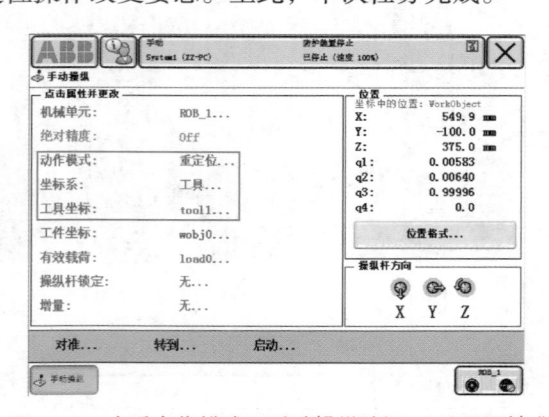
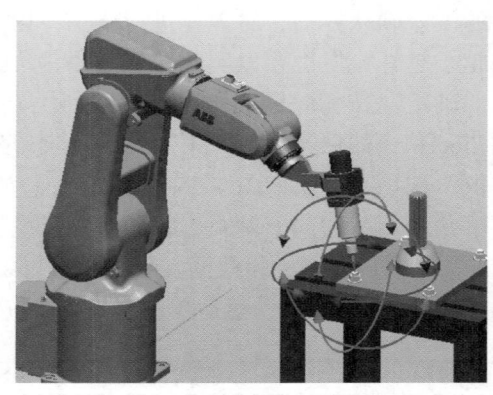

图4-26 在重定位模式下手动操纵验证TCP是否精准　　图4-27 工具参考点与固定点始终保持接触

任务评价

对任务实施的情况进行评价，见表4-1。

表4-1 任务评价表

序号	主要内容	考核要求	评分标准	配分	得分
1	6点法设定TCP	正确新建TCP	1. 不能使用6点法新建TCP，扣30分。 2. 设定TCP有遗漏或错误，每处扣10分	50	
2	调试TCP	正确调试TCP	1. 不能使用重定位功能实现工具绕着TCP点改变姿态，扣20分。 2. 调试TCP方法有遗漏或错误，每处扣10分	30	
3	安全操作注意事项	掌握设备操作、设备调试、用电安全知识	理解与掌握安全操作注意事项	20	
合计				100	

任务二　创建工件坐标系

 情景导入

在企业生产现场，无论何种工业机器人应用，为了使得工业机器人更好地工作，往往会基于被操作对象创建工件坐标系。当工作站中的工件位置发生变化后，只需更改工件坐标位置，所有路径随之更新。工件坐标系的设定是工业机器人非常基础典型的一个设置，这是工业机器人操作调试等岗位的必备技能。

学习目标

知识与能力目标	1. 了解工业机器人工件坐标系。 2. 学会工件坐标系的创建方法
素养目标	1. 严格按照三点法的对应顺序，依次逐一取点，养成规范严谨的习惯。 2. 根据右手定则判断工件坐标系方向，培养灵活应用能力

任务描述

以桌角顶点为工件坐标系原点，建立如图 4-28 所示的工件坐标系 wobj1。

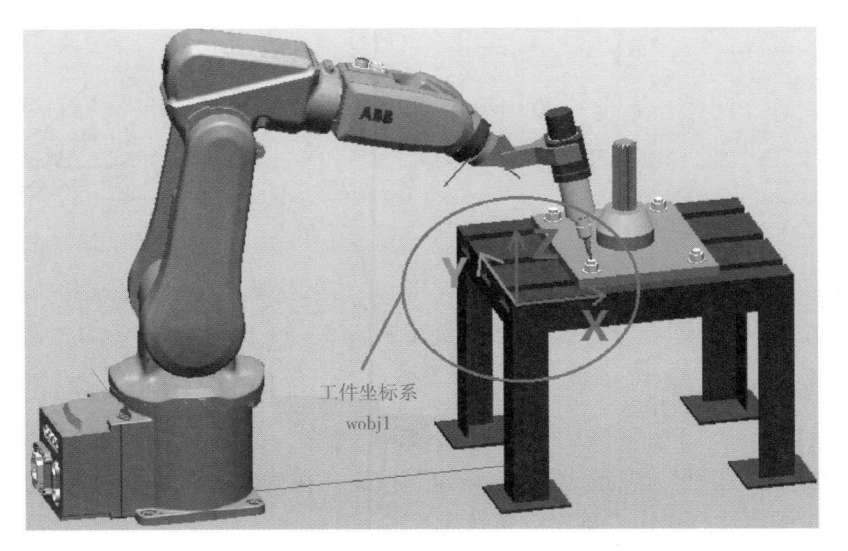

图4-28　建立工件坐标系wobj1

📠 任务分析

如图4-28所示，该任务需要创建的工件坐标系原点规定为桌角顶点，坐标系的方向也明确指出，那么按照工件坐标系的设定方法直接设定即可。

📝 任务实施

相关知识

1. 工业机器人工件坐标系

工件坐标对应工件，它定义工件相对于大地坐标（或其他坐标）的位置。工业机器人编程就是在工件坐标中创建目标和路径。重新定位工作站中的工件时，只需要更改工件坐标的位置，所有的路径随之更新。例如，在图4-28中，定义工件坐标wobj1之后，完成桌面工件的运动轨迹编程，如果桌子移动，只需要更改wobj1的值，之前的桌面工件运动轨迹则无需重新编程。

2. 工件坐标系的设定原理

在对象平面上，只需要定义3个点，就可以建立一个工件坐标。

如图4-29所示，$X1$点确定工件坐标原点，$X1$、$X2$确定工件坐标X正方向，$Y1$确定工件坐标Y正方向。最后Z的正方向根据右手定则得出，如图4-30所示。

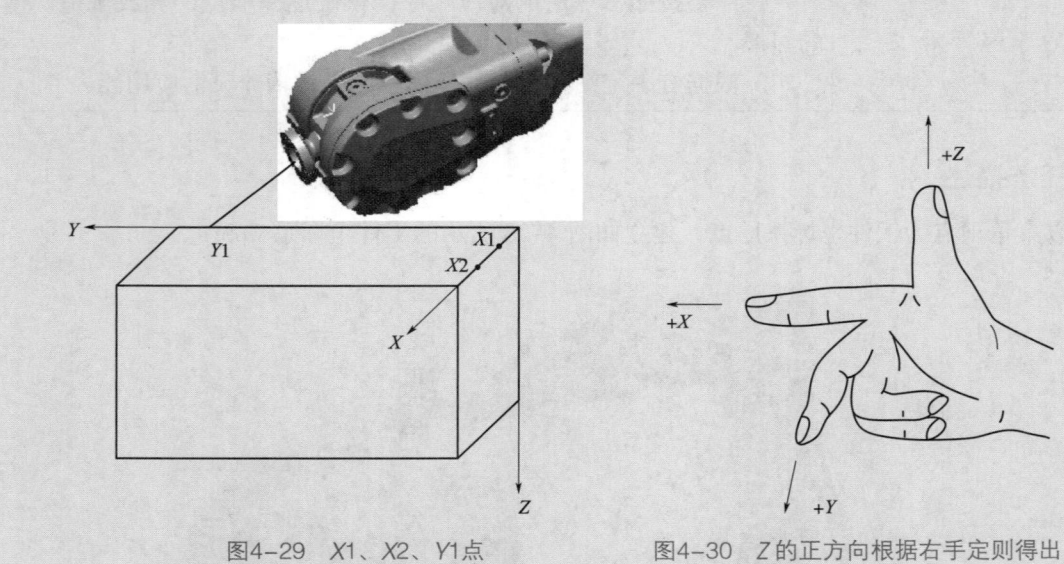

图4-29 $X1$、$X2$、$Y1$点　　　　　　　图4-30 Z的正方向根据右手定则得出

创建工件坐标系 wobj1

①单击"ABB"→"手动操纵"→"工件坐标："命令，如图4-31所示。在调出如图4-32所示的"手动操纵—工件"界面，单击"新建"按钮。在调出如图4-33所示的界面设定工件坐标数据wobj1的属性，单击"确定"按钮。

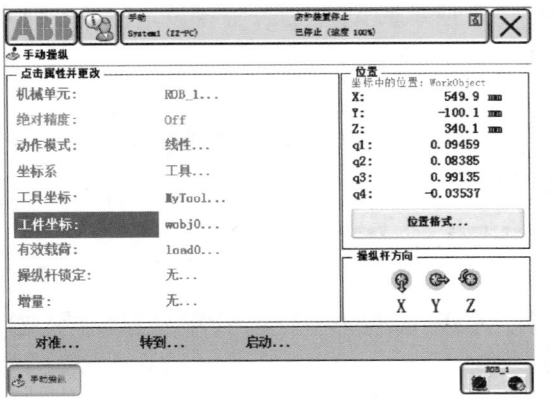

图4-31　选择"手动操纵""工件坐标："命令

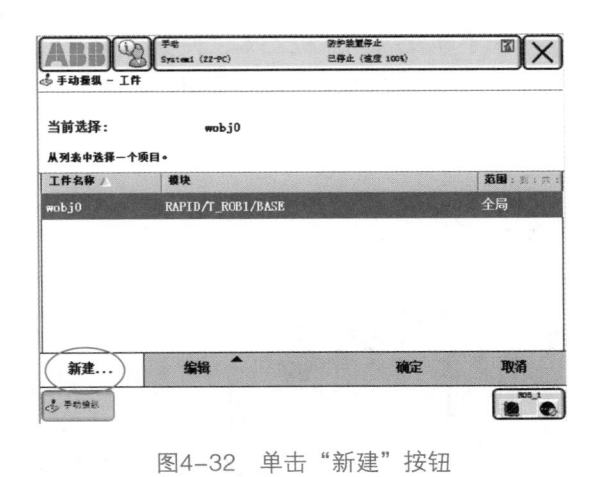

图4-32　单击"新建"按钮

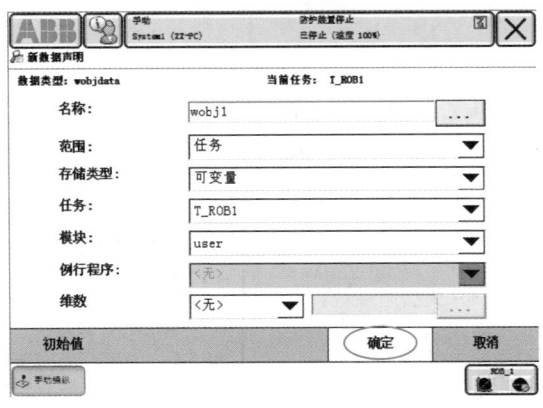

图4-33　设定工件坐标数据wobj1的属性

②选中 wobj1，然后单击"编辑"下拉的菜单"定义"选项，如图 4-34 所示。在调出如图 4-35 所示的界面将用户方法设定为"3点"。

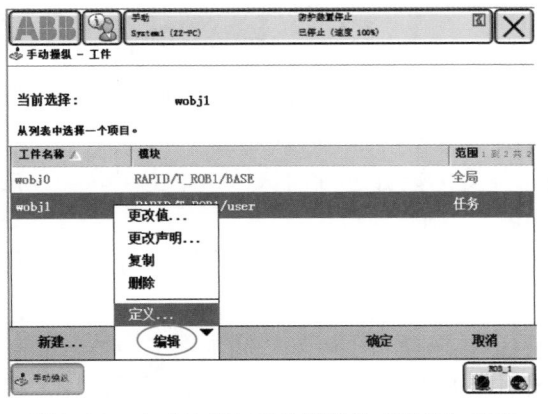

图4-34　击"编辑"下拉的菜单"定义"选项

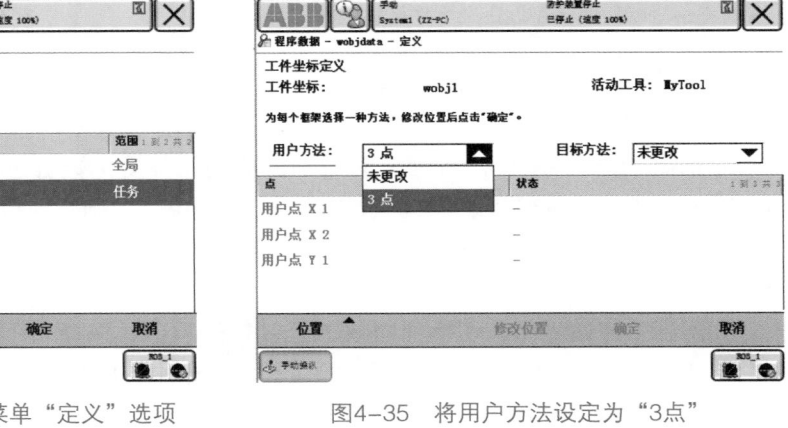

图4-35　将用户方法设定为"3点"

③手动操纵工业机器人，使其TCP靠近如图4-36所示的X1点，作为待设定工件坐标系的原点，单击"修改位置"按钮，记录X1点，如图4-37所示。

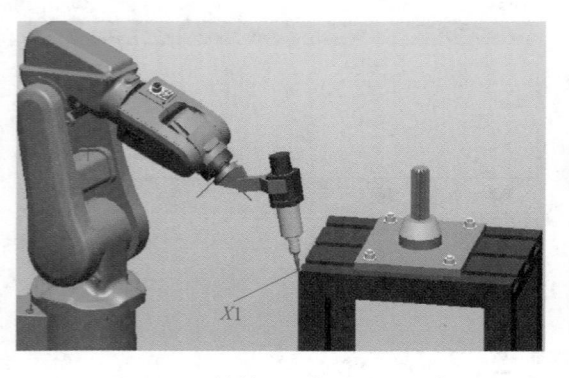

图4-36　使其TCP靠近图示X1点

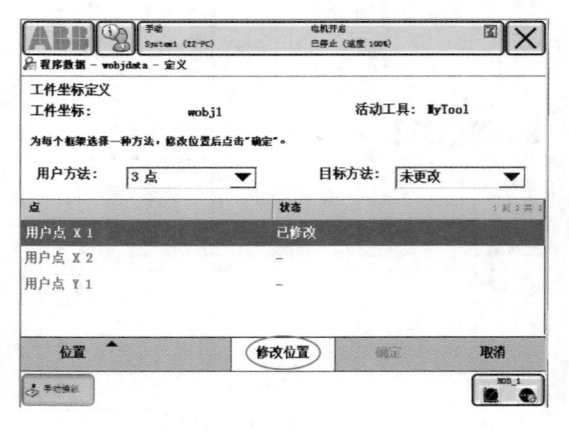

图4-37　记录X1点

④沿着待定义工件坐标的X正向，手动操纵工业机器人，使其TCP靠近定义工件坐标的X2点，如图4-38所示。单击"修改位置"按钮，记录X2点，如图4-39所示。

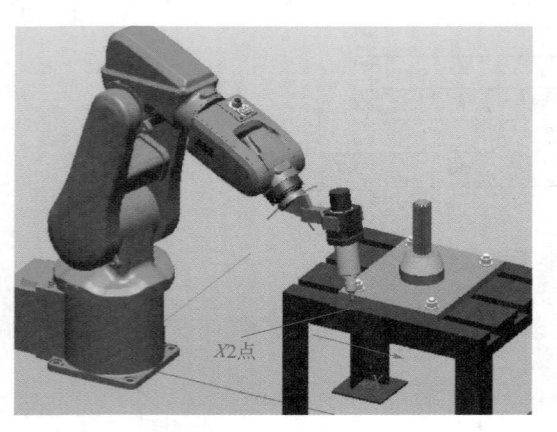

图4-38　使其TCP靠近定义工件坐标的X2点

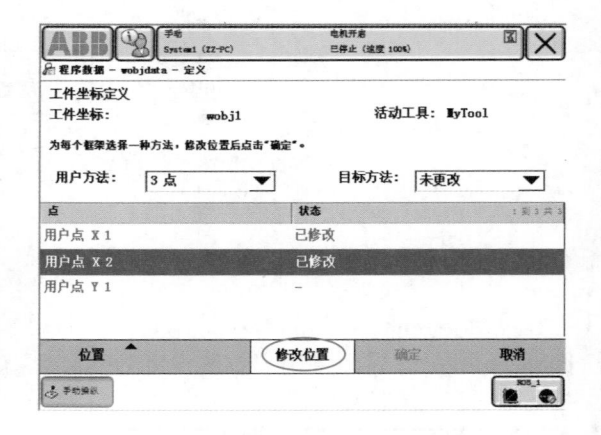

图4-39　记录X2点

⑤手动操纵工业机器人，使其TCP靠近定义工件坐标的Y1点，如图4-40所示。单击"修改位置"按钮，记录Y1点，然后单击"确定"按钮，如图4-41所示。

⑥调出如图4-42所示界面，对自动生成的工件坐标数据进行确认后，单击"确定"按钮。在调出如图4-43所示的界面选中wobj1后，单击"确定"按钮。

⑦按照如图4-44所示设定完成的手动操纵项目，使用线性动作模式，体验新建立的工件坐标。

⑧回到工作站界面，切换到"RAPID"功能选项卡，选择"同步"→"同步到工作站"命令，如图4-45所示。调出如图4-46所示的对话框，选中"工件坐标wobj1"单选按钮，再单击"确定"按钮。

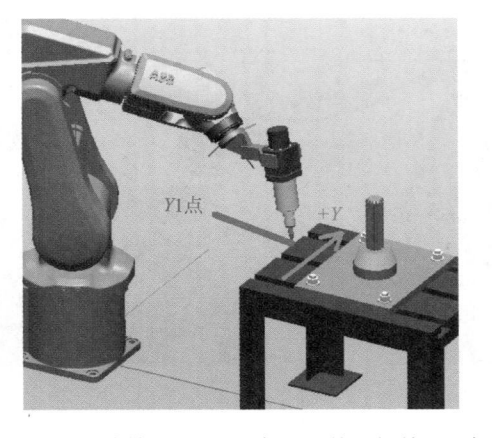

图4-40　使其 TCP 靠近定义工件坐标的 Y1 点

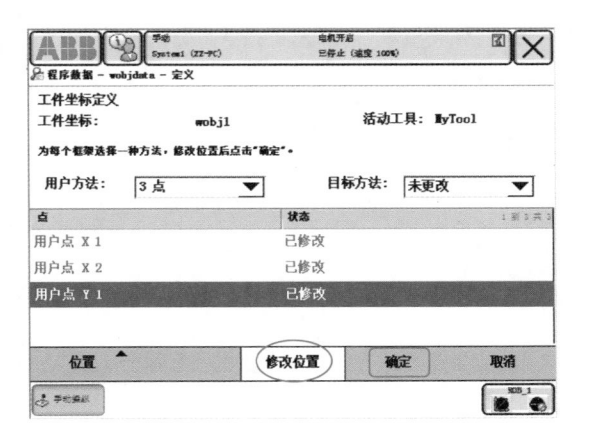

图4-41　记录 Y1 点并单击"确定"按钮

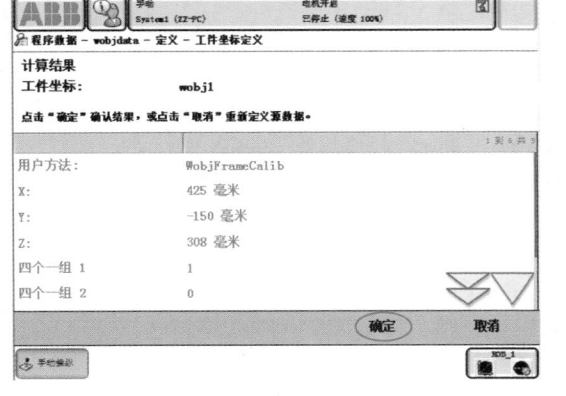

图4-42　确认自动生成的工件坐标数据后单击"确定"按钮

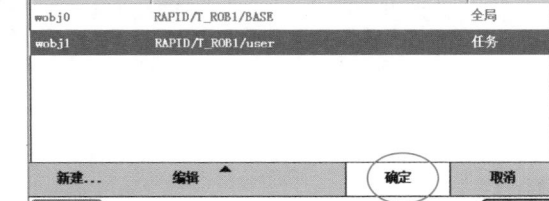

图4-43　选中wobj1后，单击"确定"按钮

图4-44　设定完成的手动操纵项目

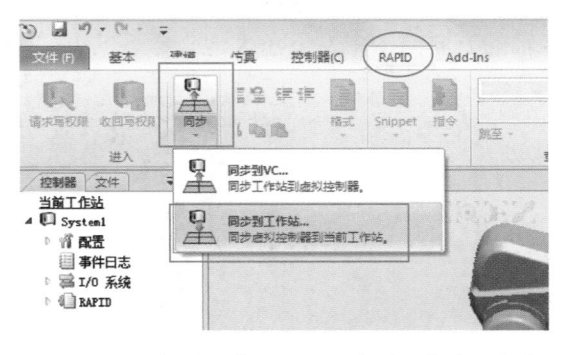

图4-45　选择"同步"→"同步到工作站"命令

⑨同步完成之后，工件坐标系wobj1建立完成，如图4-47所示，与任务要求一致，至此，本次任务完成。

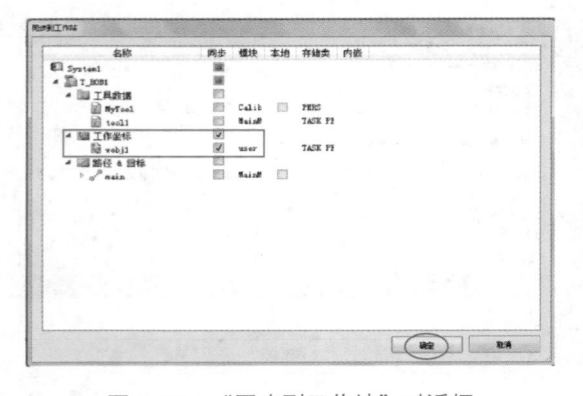

图4-46　"同步到工作站"对话框

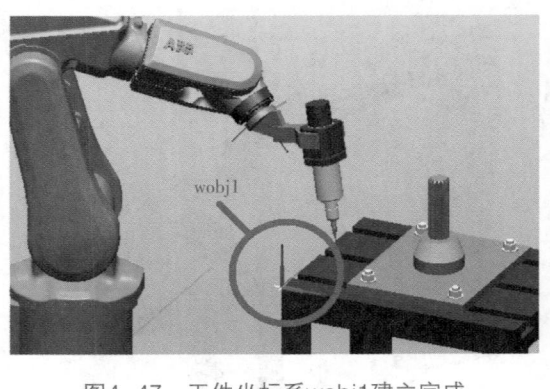

图4-47　工件坐标系wobj1建立完成

任务评价

对任务实施的情况进行评价，见表4-2。

表4-2　任务评价表

序号	主要内容	考核要求	评分标准	配分	得分
1	3 点法设定工件坐标系	正确新建工件坐标系	1. 不能使用 3 点法新建工件坐标系，扣 20 分。 2. 设定工件坐标系方向或原点有错误，每处扣 10 分	50	
2	调试工件坐标系	正确调试工件坐标系	1. 不能使用线性运动验证工件坐标系，扣 20 分。 2. 调试工件坐标系方法有遗漏或错误，每处扣 10 分	30	
2	安全操作注意事项	掌握设备操作、设备调试、用电安全知识	理解与掌握安全操作注意事项	20	
合计				100	

练习作业

1. 简述工具数据的设定原理，详述 3 点法的操作步骤。

2. 简述工件坐标系的设定方法与步骤。

3. 创建名为 wobj2 的工件坐标系如图 4-48 所示，坐标系的原点在小桌的顶点，X 轴、Y 轴、Z 轴的方向与图中左下角大地坐标系的方向一致。

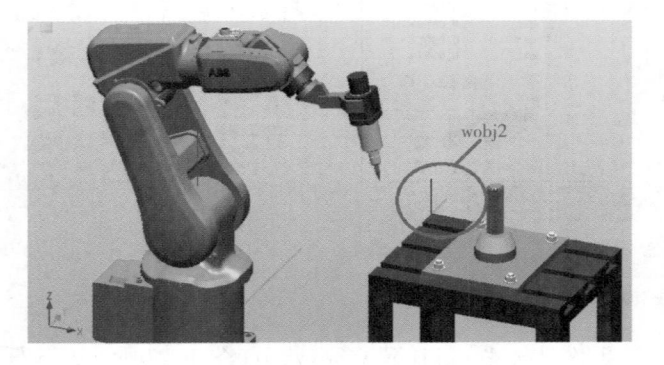

图4-48　wobj2工件坐标系

项目五
工业机器人 I/O 通信

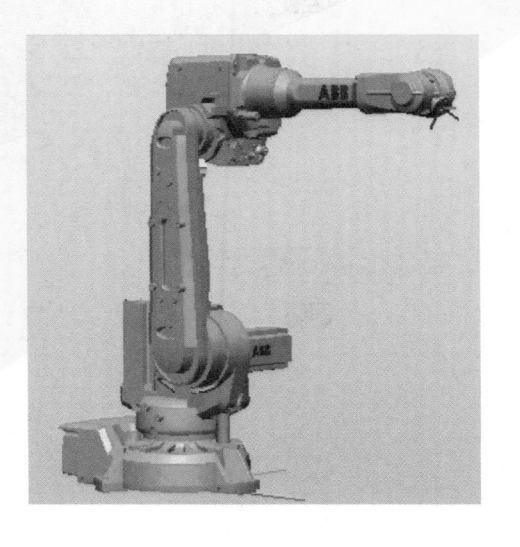

　　为了使工业机器人使用真正有意义，那么就需要让它能够轻松地实现与周边设备的通信，比如在工业机器人的搬运任务中，需要物料到位以后，工业机器人才能动作，这就需要工业机器人与外部设备之间进行通信。ABB 工业机器人有丰富的 I/O 通信接口，本项目将为大家介绍最常用的 I/O 通信方法。

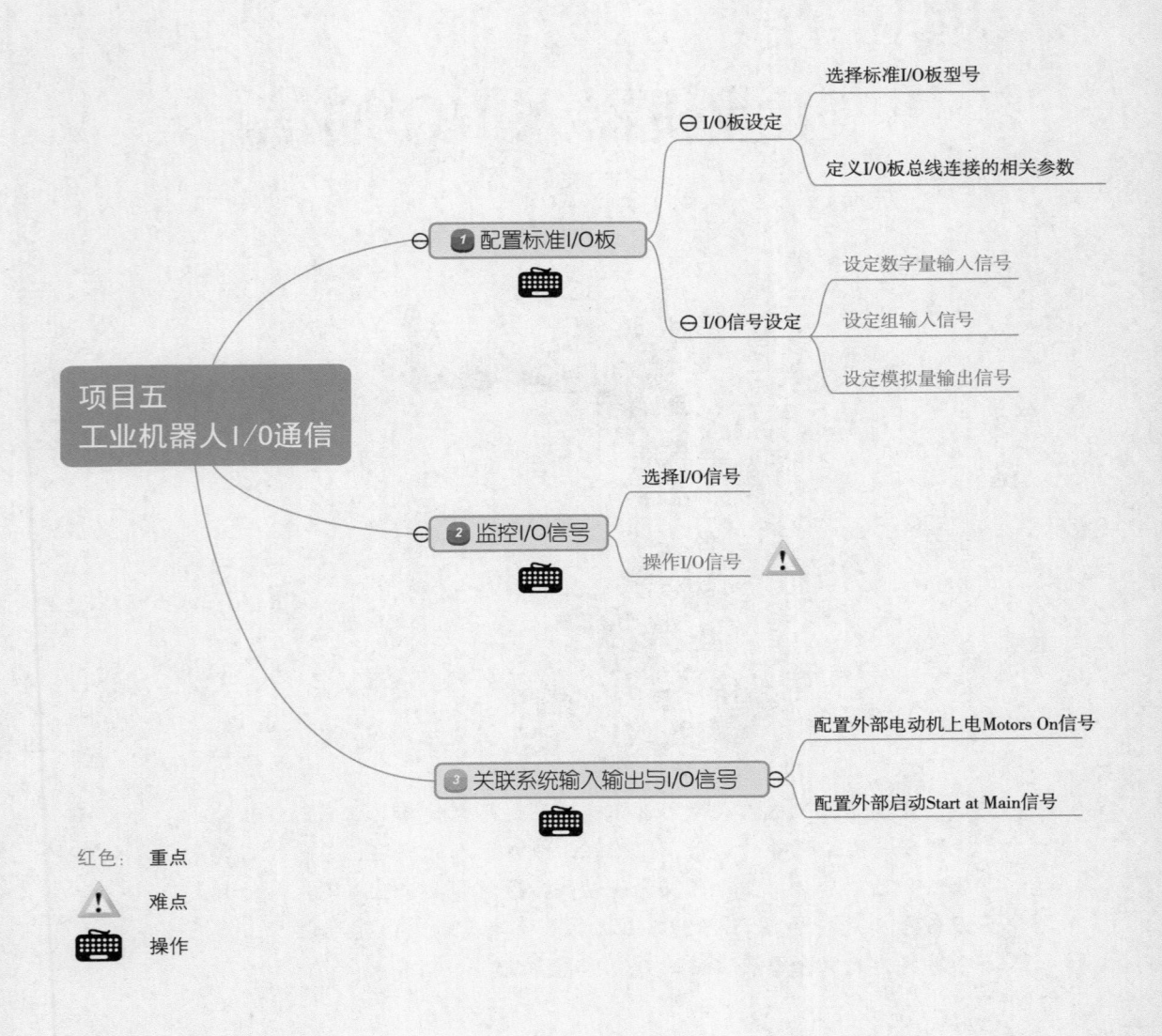

项目五
工业机器人I/O通信

1 配置标准I/O板

I/O板设定
- 选择标准I/O板型号
- 定义I/O板总线连接的相关参数

I/O信号设定
- 设定数字量输入信号
- 设定组输入信号
- 设定模拟量输出信号

2 监控I/O信号
- 选择I/O信号
- 操作I/O信号

3 关联系统输入输出与I/O信号
- 配置外部电动机上电Motors On信号
- 配置外部启动Start at Main信号

红色: 重点

⚠ 难点

⌨ 操作

任务一　配置标准I/O板

情景导入

工业机器人既可以接收来自外部设备的请求信号，也能够给外部设备发送控制信号，这就涉及I/O控制，在进行I/O控制之前，需要完成I/O信号的创建。

学习目标

知识与能力目标	1. 了解几种常用的ABB标准I/O板。 2. 掌握I/O板的设定方法。 3. 学会设定I/O信号
素养目标	1. 态度严谨，遵循标准。 2. 注意安全，操作规范

任务描述

为工业机器人系统设定如图5-1所示的3个I/O信号，di1为数字量输入信号，gi1为组输入信号，ao为模拟量输出信号。

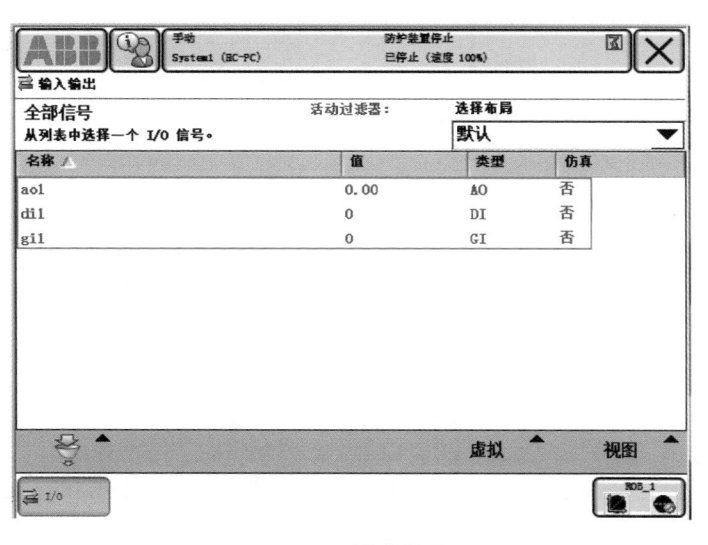

标准IO板的配置

图5-1　设定信号

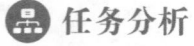 任务分析

选择标准 I/O 板型号为 DSQC651，定义 I/O 板的总线连接的相关参数说明见表 5-1。

表5-1　I/O板的总线连接的相关参数说明

参数名称	设定值	说明
Name	board10	设定 I/O 板在系统中的名字
Type of Unit	d651	设定 I/O 板的类型
Connected to Bus	DeviceNet1	设定 I/O 板连接的总线
DeviceNet Address	10	设定 I/O 板在总线中的地址

数字输入信号 di1 的相关参数说明见表 5-2。

表5-2　数字输入信号di1的相关参数说明

参数名称	设定值	说明
Name	di1	设定数字输入信号的名字
Type of Signal	Digital Input	设定信号类型
Assigned to Unit	board10	设定信号所在的 I/O 模块
Unit Mapping	0	设定信号所占用的地址

组输入信号就是将几个数字输入信号组合起来使用，用于接受外围设备输入的 BCD 编码的十进制数。

gi1 占用地址 1~4 共 4 位，可以代表十进制数 0~15。如此类推，如果占用地址 5 位的话，可以代表十进制数 0~31，见表 5-3。组输入信号 gi1 的相关参数说明见表 5-3。

表5-3　组输入信号gi1的相关参数说明

参数名称	设定值	说明
Name	gi1	设定组输入信号的名字
Type of Signal	Group Input	设定信号类型
Assigned to Unit	board10	设定信号所在的 I/O 模块
Unit Mapping	1-4	设定信号所占用的地址

模拟量输出信号 ao1 的相关参数说明见表 5-4

表5-4　模拟量输出信号ao1的相关参数说明

参数名称	设定值	说明
Name	ao1	设定模拟输出信号的名字
Type of Signal	Analog Output	设定信号的类型
Assigned to Unit	board10	设定信号所在的 I/O 模块
Unit Mapping	0~15	设定信号所占用的地址
Analog Encoding Type	Unsigned	设定模拟信号属性
Maximum Logical Value	10	设定最大逻辑值
Maximum Physical Value	10	设定最大物理值
Maximum Bit Value	65535	设定最大位值

任务实施

1. 插入总线

将总线插头插在 DeviceNet 总线接口上。

相关知识

　　ABB 标准 I/O 板都是下挂在 DeviceNet 现场总线下的设备，其中 DSQC651 是最为常用的模块，该 I/O 板总线接口和 DeviceNet 总线如图 5-2 所示，将总线插头插在 DeviceNet 总线接口上。

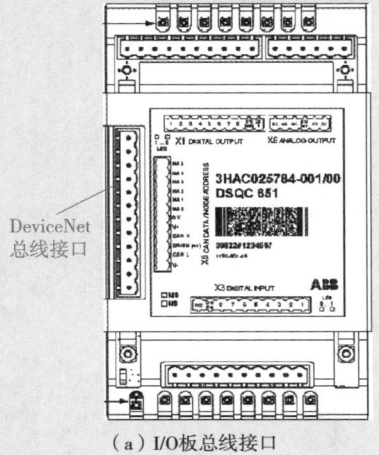
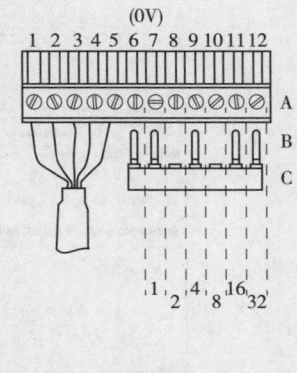

（a）I/O板总线接口　　　　　　（b）DeviceNet总线

图5-2　I/O 板总线接口和DeviceNet总线

2. 定义 DSQC651 板的总线连接

①单击左上角主菜单按钮，选择"控制面板"→"配置"命令，如图 5-3 和图 5-4 所示。

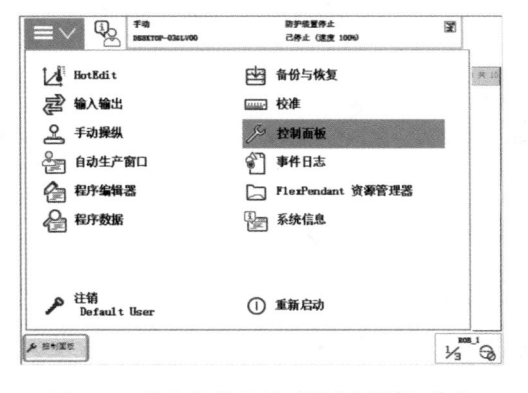

图5-3　单击菜单内的"控制面板"命令　　　　　图5-4　单击"配置"按钮

②双击"DeviceNet Device"。单击"添加",如图 5-5 和图 5-6 所示

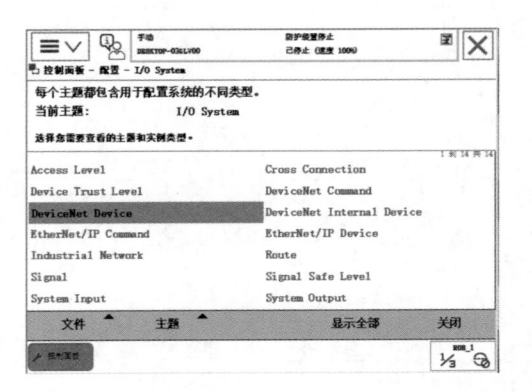

图5-5 双击"DeviceNet Device"

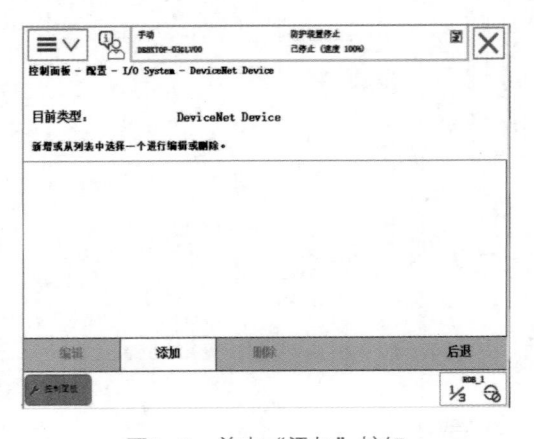

图5-6 单击"添加"按钮

③单击"使用来自模板的值"对应的下拉箭头,选择"DSQC 651 Combi I/O Device",如图 5-7 所示。

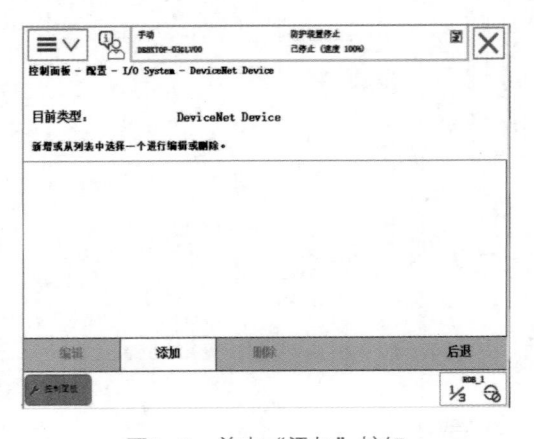

图5-7 选择"DSQC 651 Combi I/O Device"

④双击"Name"进行DSQC651板在系统中名字的设定(如果不修改,则名字是默认的"d651")。在系统中将DSQC651板的名字设定为"board10"(10代表此模块在DeviceNet总线中的地址,方便识别),然后单击"确定",如图5-8和图5-9所示。

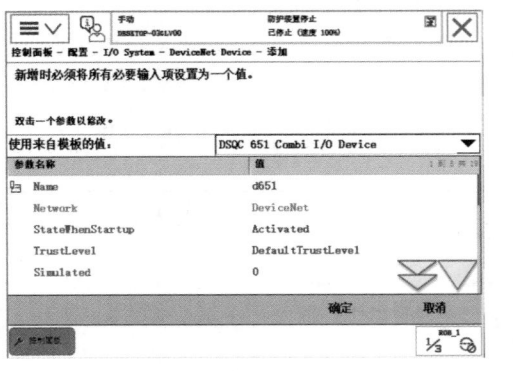

图5-8　双击"Name"按钮　　　　图5-9　将DSQC651板的名字设定为"board10"

⑤单击向下翻页箭头,将"Address"设定为10,然后单击"确定",如图5-10和图5-11。

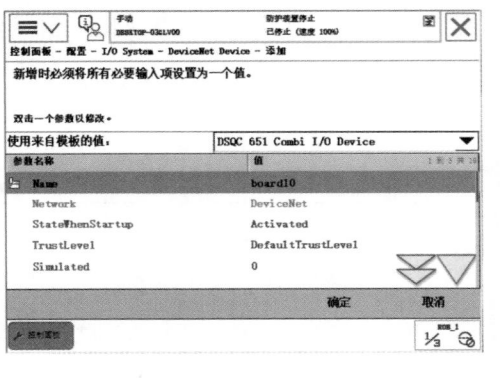

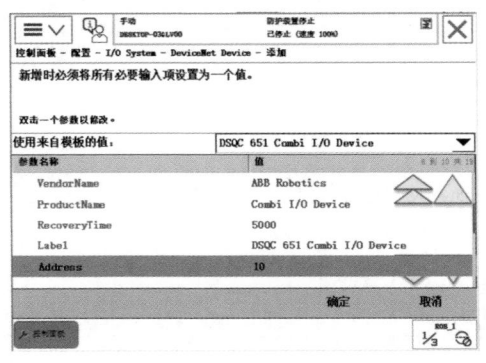

图5-10　单击向下翻页箭头　　　　图5-11　将"Address"值设定为"10"

⑥弹出如图5-12所示的"重新启动"提示框,单击"是",这样DSQC651板的定义就完成了。

图5-12　"重新启动"提示框

3. 设定数字量输入信号 di1

根据表中 di1 相关参数的描述要求，设定 di1 的步骤如下：

①单击"ABB"→"控制面板"→"配置"命令（见图 5-3~ 图 5-4 所示），在调出的"控制面板 – 配置 – I/O"界面，双击"Signal"，如图 5-13 所示。

②在调出的"控制面板 – 配置 – I/O – Signal"界面，单击"添加"按钮，如图 5-14 所示。在调出的"控制面板 – 配置 – I/O – Signal – 添加"界面，双击"Name"，如图 5-15 所示。在调出的"Name"界面，在文本框输入"di1"，然后单击"确定"按钮，如图 5-16 所示。

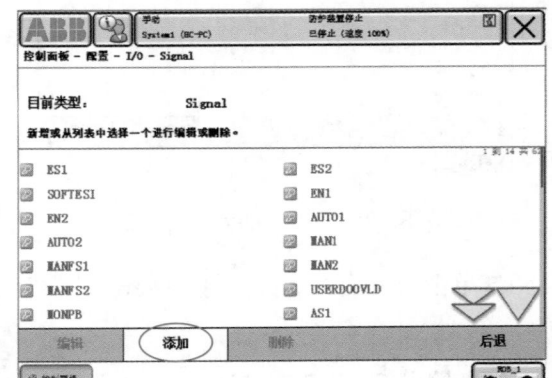

图5-13　双击"Signal"按钮　　　　图5-14　单击"添加"按钮

图5-15　双击"Name"　　　　图5-16　在文本框输入"di1"，然后单击
　　　　　　　　　　　　　　　　　　　　　　　　"确定"按钮

③在调出的"控制面板 – 配置 – I/O – Signal – tmp（ ）"界面，双击"Type of Signal"在其下拉列表框选择"Digital Input"，如图 5-17 所示。

④双击"Assigned to Unit"在其下拉列表框选择"board10"，如图 5-18 所示。

⑤双击"Device Mapping"并将其值设定为"0"，然后单击"确定"按钮，如图 5-19 所示。

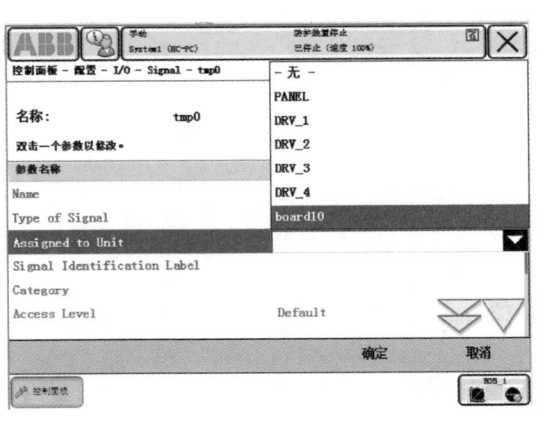

图5-17　双击"Type of Signal"在其下拉列表框选择"Digital Input"　　图5-18　双击"Assigned to Unit"在其下拉列表框选择"board10"

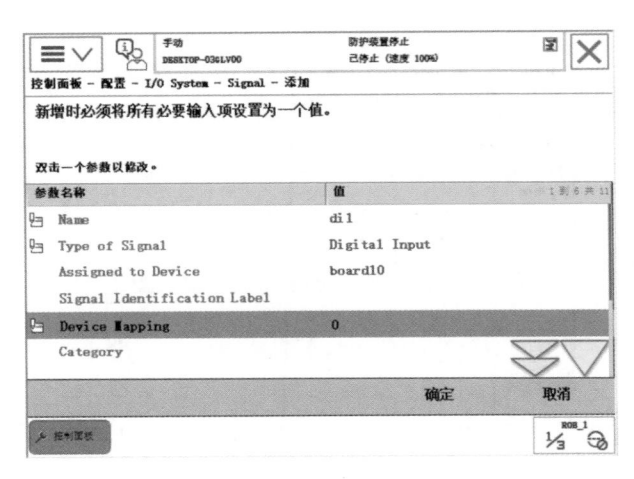

图5-19　双击"Device Mapping"并将其值设定为"0"

⑥在弹出的"重新启动"提示框，单击"是"按钮，完成设定。

4. 设定组输入信号 gi1

①单击"ABB""控制面板""配置"命令（见图5-3~图5-4所示），在调出的"控制面板 – 配置 – I/O"界面，双击"Signal"（见图5-13）。在调出的"控制面板 – 配置 – I/O – Signal"界面，单击"添加"按钮（见图5-14）。在调出的"控制面板 – 配置 – I/O – Signal – 添加"界面，双击"Name"（见图5-15）。在调出的"Name"界面，在文本框输入"gi1"，然后单击"确定"按钮，如图5-20所示。

②在调出的"控制面板 – 配置 – I/O – Signal – 添加"界面，双击"Type of Signal"在其下拉列表框选择"Group Input"，如图5-21所示。

③双击"Assigned to Unit"在其下拉列表框选择"board10"（见图5-18）。

④双击"Device Mapping"，将地址值设定为"1-4"，然后单击"确定"按钮，如图5-22所示。

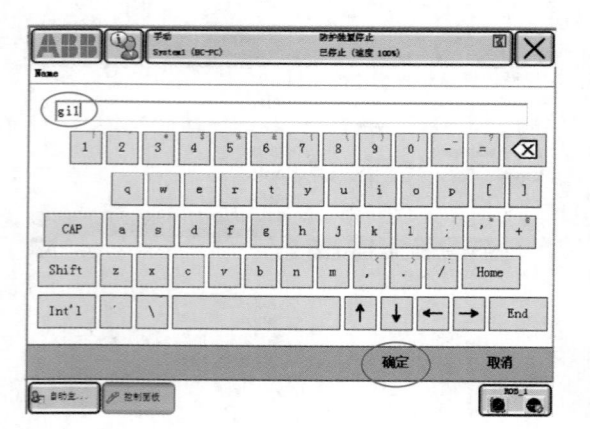

图5-20 在文本框输入"gi1",然后单击"确定"按钮

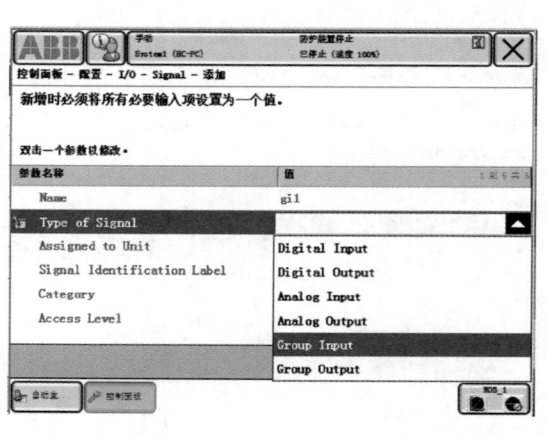

图5-21 双击"Type of Signal"在其下拉列表框选择"Group Input"

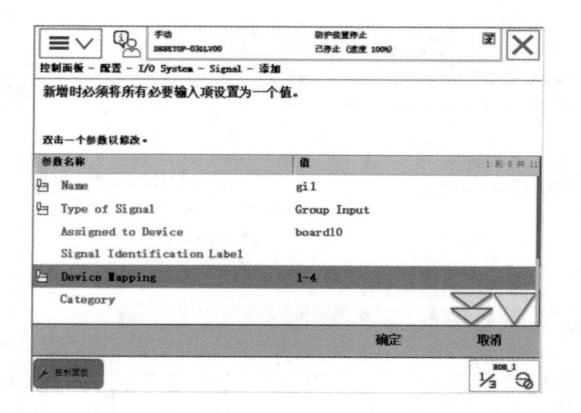

图5-22 双击"Device Mapping"并将其值设定为"1-4"

⑤在弹出的"重新启动"提示框,单击"是"按钮,完成设定。

5. 设定模拟量输出信号 ao1

根据表 5-4 中相关参数设定模拟输出信号 ao1,具体操作步骤如下:

①单击"ABB"→"控制面板"→"配置"命令(见图5-3~图5-4所示),在调出的"控制面板 – 配置 – I/O"界面,双击"Signal"(见图5-13)。在调出的"控制面板 – 配置 – I/O – Signal"界面,单击"添加"按钮(见图5-14)。在调出的"控制面板 – 配置 – I/O – Signal – 添加"界面,双击"Name"(见图5-15)。在调出的"Name"界面,在文本框输入"ao1",然后单击"确定"按钮,如图5-23所示。

②在调出的"控制面板 – 配置 – I/O – Signal – 添加"界面,双击"Type of Signal"在其下拉列表框"Analog Output",如图 5-24 所示。

③双击"Assigned to Unit"在其下拉列表框选择"board10"(见图5-18)。

④双击"Device Mapping"并将其值设定为"0-15",然后单击"确定"按钮,如图5-25所示。

⑤双击"Analog Encoding Type 在其下拉列表框选择"Unsigned",如图5-26所示。

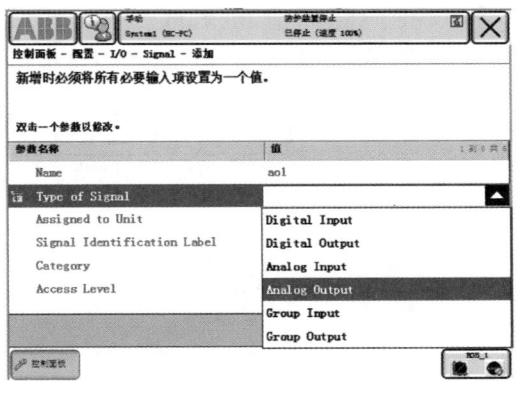

图5-23 在文本框输入"ao1"，然后单击
"确定"按钮

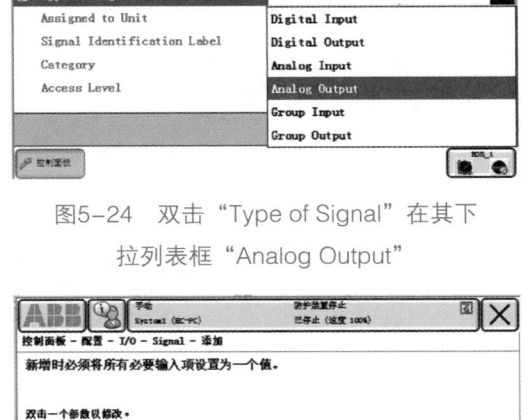

图5-24 双击"Type of Signal"在其下
拉列表框"Analog Output"

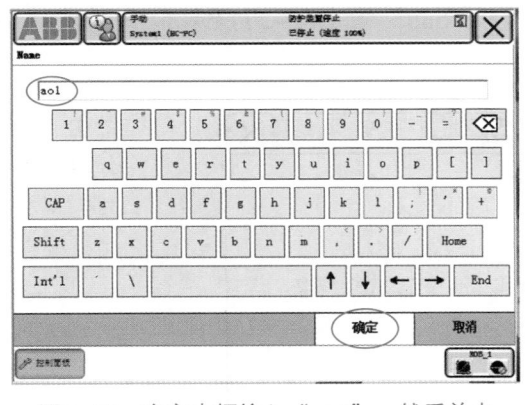

图5-25 双击"Device Mapping"并将其
值设定为"0-15"

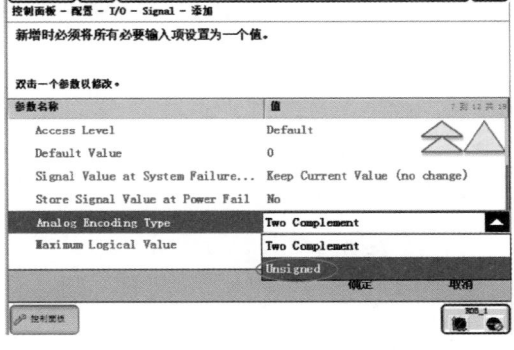

图5-26 双击"Analog Encoding Type在其
下拉列表框选择"Unsigned"

⑥双击"Maximum Logical Value"并将其值设定为"10"，如图 5-27 所示。

⑦双击"Maximum Physical Value"并将其值设定为"10"，如图 5-28 所示。

图5-27 双击"Maximum Logical Value"并将其
值设定为"10"

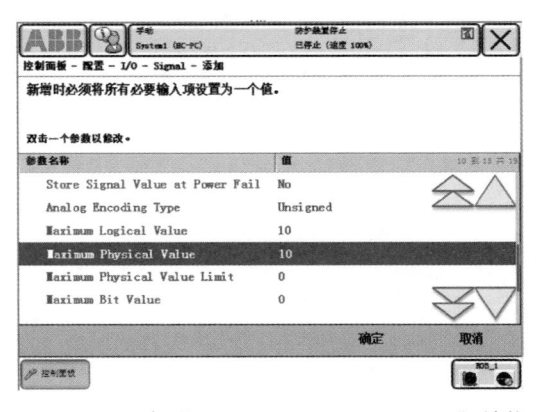

图5-28 双击"Maximum Physical Value"并将
其值设定为"10"

⑧双击"Maximum Bit Value"并将其值设定为"65535",如图 5-29 所示。

⑨在弹出的"重新启动"提示框,单击"是"按钮,完成设定。

图5-29 双击"Maximum Bit Value"并将其值设定为"65535"

📖 任务评价

对任务实施的情况进行评价,见表 5-5。

表5-5 任务评价表

序号	主要内容	考核要求	评分标准	配分	得分
1	I/O 板设定	正确配置 I/O 板	1. 不能正确选择 I/O 板型号,扣 10 分。 2. 不能正确设定 I/O 板各项参数,每项扣 10 分	30	
2	I/O 信号设定	正确设定 I/O 信号	不能正确设定 I/O 信号,每个扣 10 分	50	
3	安全操作注意事项	掌握设备操作、设备调试、用电安全知识	理解与掌握安全操作注意事项	20	
合计				100	

任务二　监控 I/O 信号

情景导入

配置完成的 I/O 板和设定完成的 I/O 信号就可以使用了，在使用之前，需要查看 I/O 信号状态、测试设定完成的信号，监控 I/O 信号。

学习目标

知识与能力目标	1. 学会查看 I/O 信号。 2. 掌握输入信号的仿真操作。 3. 掌握输出信号的强制操作
素养目标	1. 态度严谨，遵循标准。 2. 注意安全，操作规范

任务描述

对 I/O 信号的状态或数值进行仿真和强制操作，在工业机器人调试和检修时非常实用。本次任务是针对任务一中所设定完成的 3 个 I/O 信号进行仿真和强制操作，操作结果如图 5-30 所示。

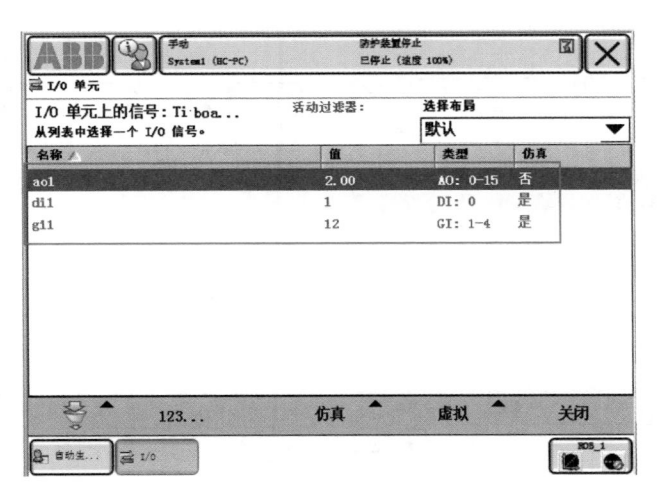

图5-30　操作结果

任务分析

根据任务描述，要操作的信号有 3 个，分别是模拟量输出信号、数字量输入信号，以及组输入信号，输入信号是仿真操作，输出信号是强制操作。

任务实施

1. 打开"输入输出"

①单击"ABB"→"输入输出"→"视图"→"I/O 单元"命令，如图 5-31 和图 5-32 所示。

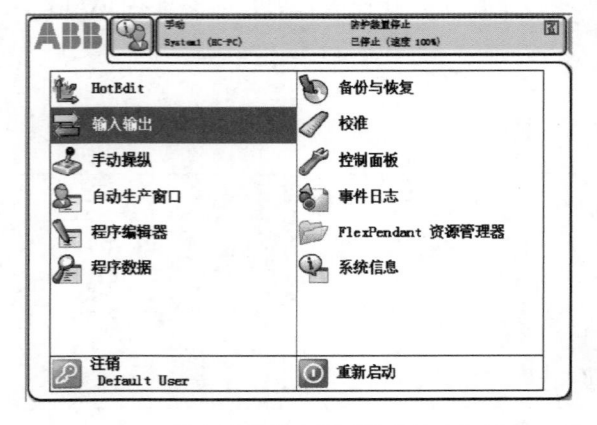

图5-31 单击该菜单内的"输入输出"按钮

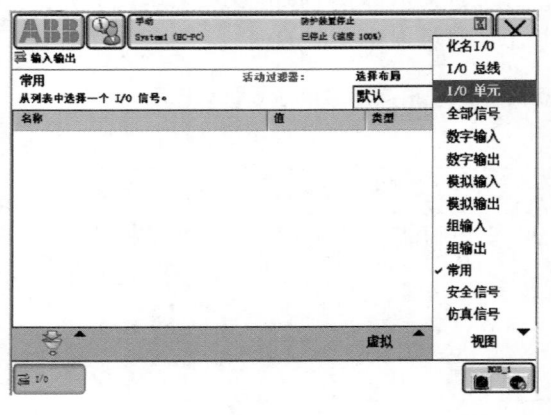

图5-32 单击"视图"按钮在其下拉菜单选择"I/O单元"

②在调出的界面，选中"board10"，单击"信号"按钮，如图 5-33 所示。

③在调出的"I/O 单元"界面，可看到任务一中定义的信号，便可对信号进行监控、仿真和强制的操作，如图 5-34 所示。

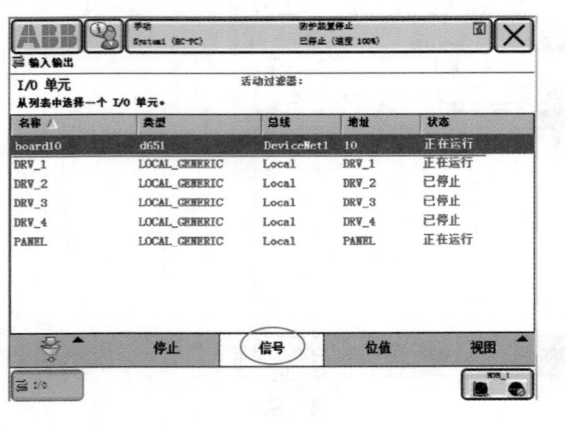

图5-33 选中"board10"，单击"信号"按钮

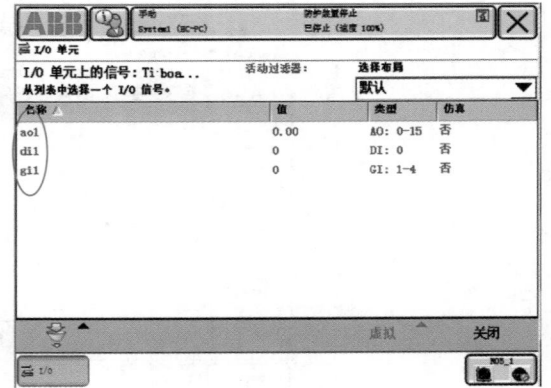

图5-34 任务一中定义的信号

2. 对 di1 进行仿真操作

①选中"di1"，然后单击"仿真"按钮，如图 5-35 所示。

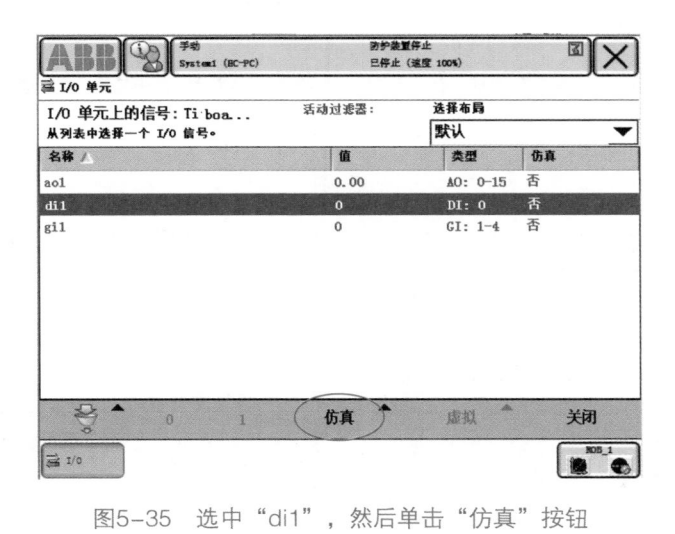

图5-35　选中"di1"，然后单击"仿真"按钮

②选中"1"，将 di1 的状态仿真为"1"，如图 5-36 所示。此时，di1 已被仿真为"1"。待仿真结束后，单击"消除仿真"，如图 5-37 所示。

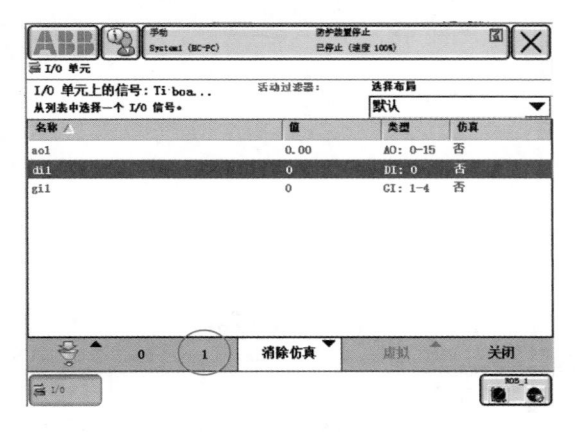

图5-36　选中"1"，将di1的状态仿真为"1"

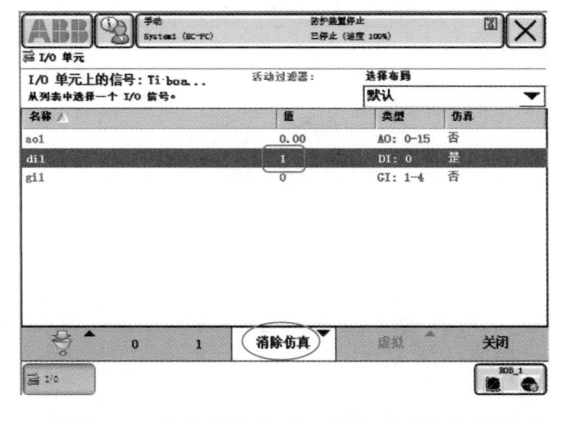

图5-37　待仿真结束后，单击"消除仿真"

3. 对 gi1 进行仿真操作

①选中"gi1"，然后单击"仿真"按钮，如图 5-38 所示。在调出的界面，单击"123…"按钮，如图 5-39 所示。

②按照任务要求，在文本框输入"12"，然后单击"确定"按钮，如图 5-40 所示。此时，"gi1"已被仿真为"12"。待仿真结束后，单击"消除仿真"按钮，如图 5-41 所示。

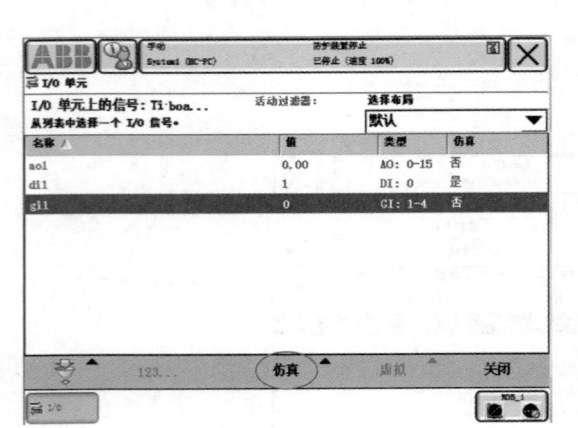

图5-38 选中"gi1",然后单击"仿真"按钮

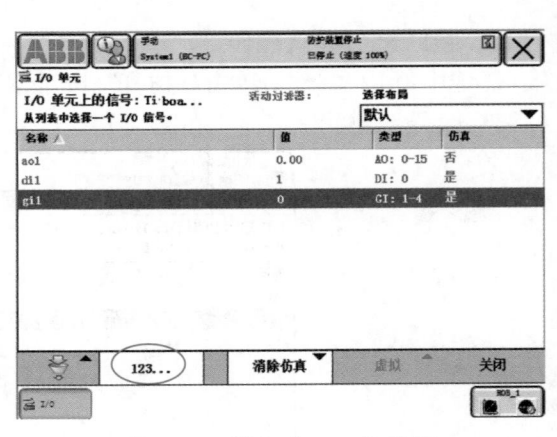

图5-39 单击"123…"按钮

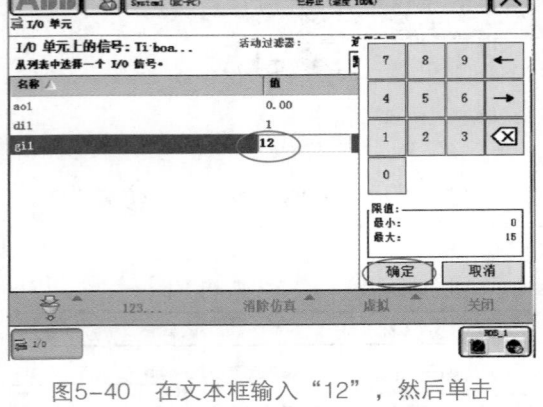

图5-40 在文本框输入"12",然后单击
"确定"按钮

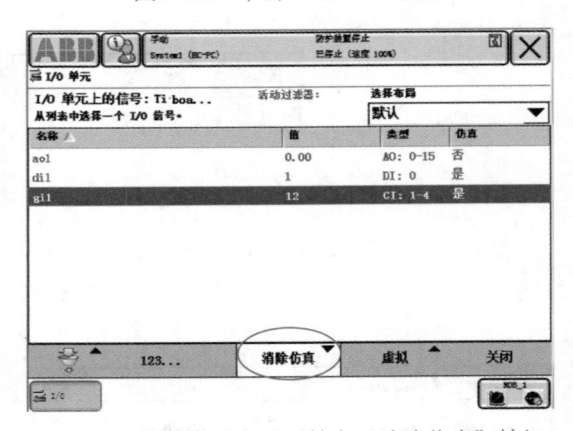

图5-41 待仿真结束后,单击"消除仿真"按钮

4. 对 ao1 进行强制操作

①选中"ao1",单击"123…"按钮,如图 5-42 所示。按照任务要求,在文本框输入"2",然后单击"确定"按钮,如图 5-43 所示。

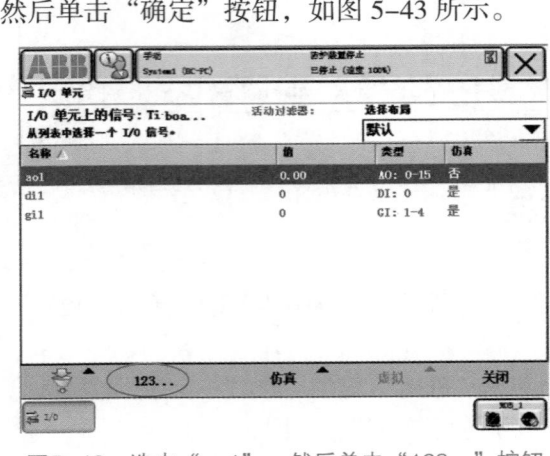

图5-42 选中"ao1",然后单击"123…"按钮

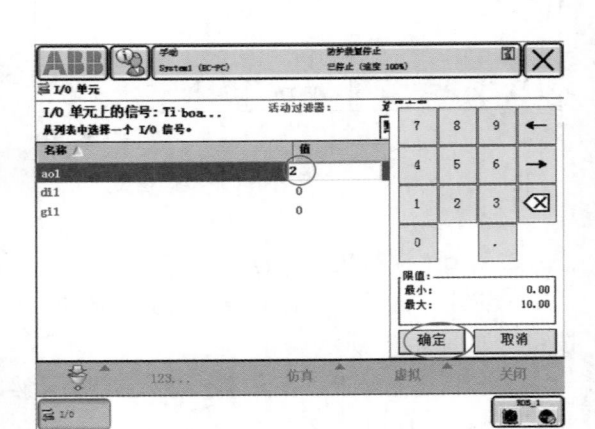

图5-43 在文本框输入"2",然后单击"确定"按钮

② "I/O 单元"界面显示"ao1"的强制值, 如图 5-44 所示。

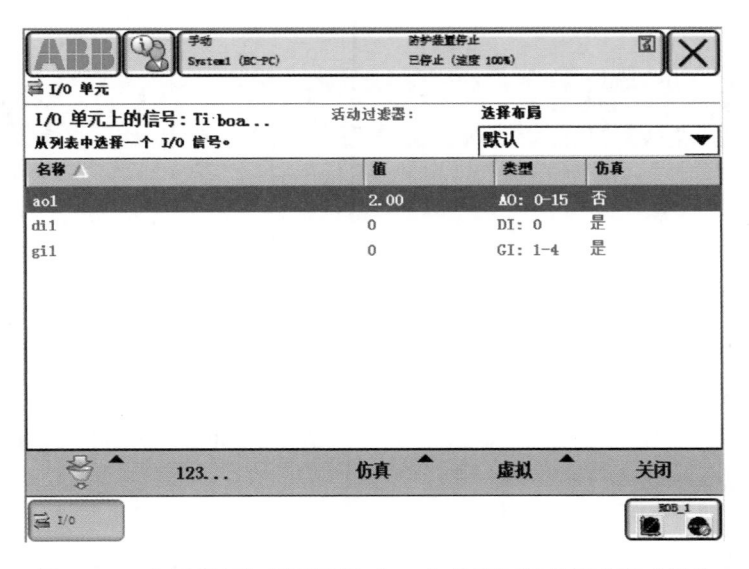

图5-44 "I/O单元"界面显示"ao1"的强制值是否未完成操作

任务评价

对任务实施的情况进行评价, 见表 5-6。

表5-6 任务评价表

序号	主要内容	考核要求	评分标准	配分	得分
1	监控 I/O 信号	1. 正确仿真输入信号。 2. 正确强制输出信号	1. 不能正确选择 I/O 信号, 每个扣 10 分。 2. 不能正确操作 I/O 信号, 每处扣 10 分	80	
2	安全操作注意事项	掌握设备操作、设备调试、用电安全知识	理解与掌握安全操作注意事项	20	
合计				100	

任务三 关联系统输入输出与I/O信号

 情景导入

工业机器人系统 I/O 属于系统专用，可以通过外部信号控制工业机器人动作，或者将工业机器人系统状态反馈到外界设备。比如，想通过外部的按钮开关直接控制工业机器人启动与停止，或者通过外部指示灯来显示工业机器人当前的运行模式状态。每个系统 I/O 都有一个专用的系统功能，可以通过通用 I/O 来关联系统 I/O，从而实现系统 I/O 的功能。

 学习目标

知识与能力目标	1.掌握常用系统输入输出信号的功能意义。 2.熟悉系统输入输出信号的配置方法
素养目标	1.态度严谨，遵循标准。 2.注意安全，操作规范

任务描述

配置外部电动机上电 Motors On 信号，以及外部启动 Start at Main 信号，如图 5-45 所示。

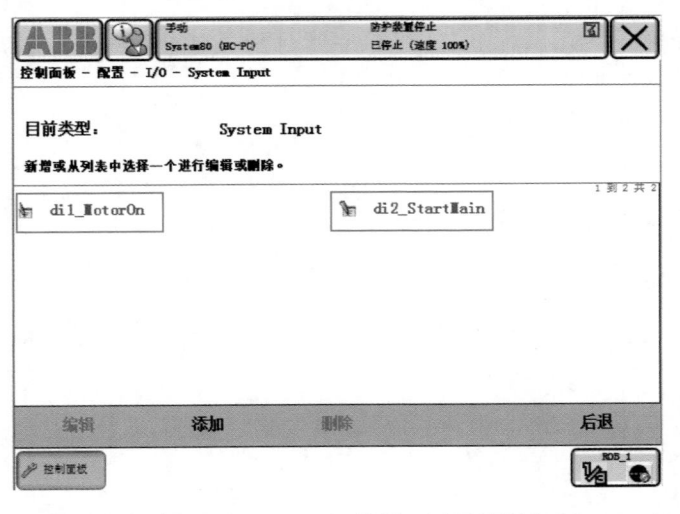

图5-45 配置外部电动机上电Motors On信号，以及外部启动Start at Main信号

任务分析

外部电动机上电和外部启动，都属于系统输入信号。配置外部电动机上电 Motors On 信号，建立系统输入"电动机开启"与数字输入信号"di1"的关联；配置外部启动 Start at Main 信号，建立系统输入"从主程序开始"与数字输入信号 di2 的关联。设定完成之后即可以通过外部设备来控制工业机器人系统。

任务实施

1. 配置外部电动机上电 Motors On 信号

①单击"ABB"→"控制面板"→"配置"命令，如图 5-46 所示。在调出的"控制面板 – 配置 – I/O"界面，双击"System Input"，如图 5-47 所示。在调出的"控制面板 – I/O – System Input"界面，单击"添加"按钮，如图 5-48 所示。

②在调出的"控制面板 – 配置 – I/O – System Input – 添加"界面，根据图示配置系统参数，"Signal Name"选择"di1"，"Action"选择"Motors On"，单击"确定"按钮，如图 5-49 所示，弹出"重新启动"提示框，如图 5-50 所示，单击"是"按钮，重新启动控制器，启动完成后即完成了 di1 信号的关联。

图5-46　单击"ABB"→"控制面板"→
"配置"命令

图5-47　双击"System Input"

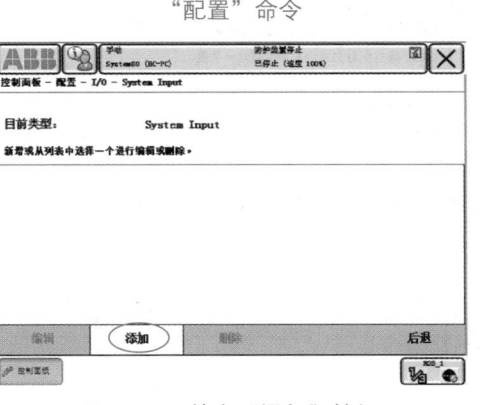

图5-48　单击"添加"按钮

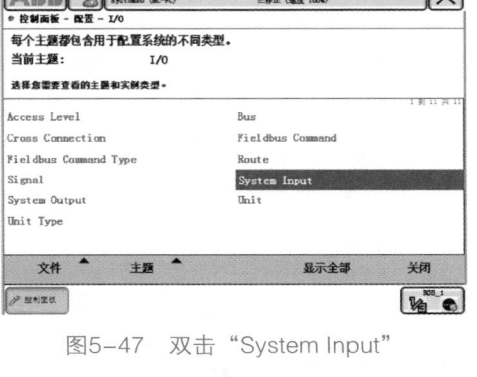

图5-49　"Signal Name"选择"di1"，
"Action"选择"Motors On"

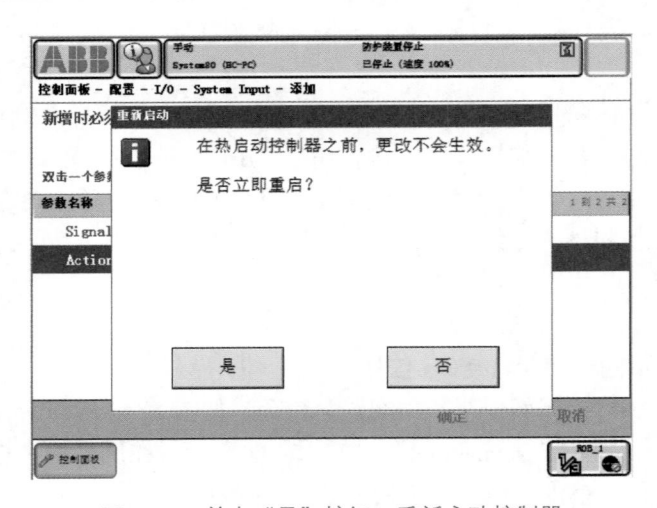

图5-50 单击"是"按钮，重新启动控制器

📎 小提示：

通过外部di1信号测试，输入一个di1信号，观察工业机器人是否上电，如果上电，则系统配置关联正确；否则信号配置失败，需重新配置。

2. 配置外部启动 Start at Main 信号

①单击"ABB"→"控制面板"→"配置"命令，在调出的界面双击"System Input"，调出如图 5-51 所示界面，单击"添加"按钮。

②在调出的"控制面板 – 配置 – I/O – System Input – 添加"界面，根据图 5-52 所示界面配置系统参数，"Signal Name"选择"di2"信号，"Action"选择"Start at Main"，"Argument"选择"Continuous"，单击"确定"按钮，如图 5-52 所示。弹出"重新启动"提示框。单击"是"按钮，重新启动控制器，启动完成后即完成了 Start at Main 信号的关联。

图5-51 单击"添加"按钮

图5-52 "Signal Name"选择"di2"信号，"Action"选择"Start at Main"，"Argument"选择"Continuous"

小提示：

给定一个di1信号，工业机器人上电。通过外部di2信号测试，设定一个di2信号，观察工业机器人是否执行工业机器人程序。如果执行了工业机器人程序，则系统配置关联正确。否则信号配置失败，需重新配置。

其他系统信号配置与此方法相同，请参考本方法。

任务评价

对任务实施的情况进行评价，见表5-7。

表5-7 任务评价表

序号	主要内容	考核要求	评分标准	配分	扣分	得分
1	系统 I/O 信号关联	正确设定系统 I/O 信号	不能正确关联系统 I/O 信号，每个扣10 分	80		
2	安全操作注意事项	掌握设备操作、设备调试、用电安全知识	理解与掌握安全操作注意事项	20		
合计				100		

练习作业

1. 简述 I/O 板与 I/O 信号的配置步骤。

2. 如何确定 DSQC651 板的通信地址？

3. 如何配置系统输入输出信号？

4. 建立系统输出"电动机开启"与数字输出信号 do1 的关联。

项目六
工业机器人编程基础

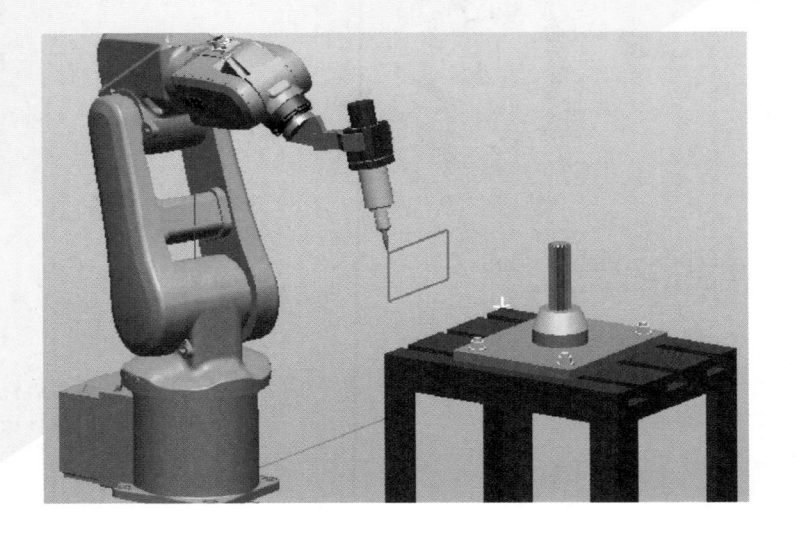

　　程序数据是在程序模块或者系统模块中设定的值和定义的一些环境数据。RAPID 程序中包含了一连串控制工业机器人的指令，执行这些指令可以实现控制操作工业机器人。应用程序是使用称为 RAPID 编程语言的特定词汇和语法编写而成的。RAPID 程序是一种英文编程语言，所包含的指令可以移动工业机器人、设置输出、读取输入，还能实现条件逻辑判断与程序调用，以及与系统操作员交流等功能。

知识导图

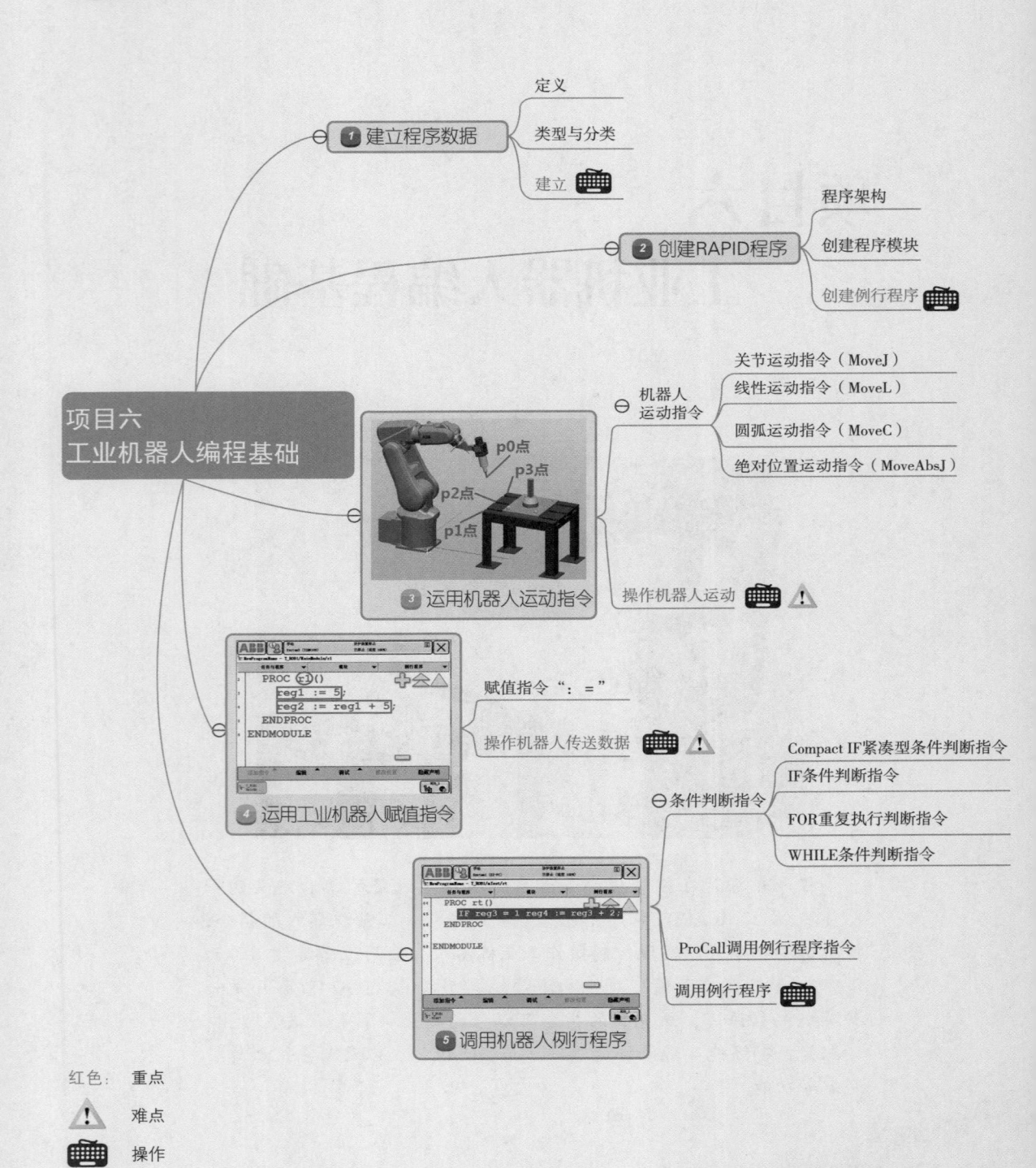

项目六
工业机器人编程基础

1 建立程序数据
- 定义
- 类型与分类
- 建立

2 创建RAPID程序
- 程序架构
- 创建程序模块
- 创建例行程序

机器人运动指令
- 关节运动指令（MoveJ）
- 线性运动指令（MoveL）
- 圆弧运动指令（MoveC）
- 绝对位置运动指令（MoveAbsJ）

3 运用机器人运动指令
- 操作机器人运动

4 运用工业机器人赋值指令
- 赋值指令 ": ="
- 操作机器人传送数据

条件判断指令
- Compact IF紧凑型条件判断指令
- IF条件判断指令
- FOR重复执行判断指令
- WHILE条件判断指令

5 调用机器人例行程序
- ProCall调用例行程序指令
- 调用例行程序

红色：　重点

⚠　难点

⌨　操作

任务一　建立程序数据

情景导入

某工程师需要在程序模块或者系统模块中建立程序数据。

学习目标

知识与能力目标	1. 了解什么是程序数据。 2. 学会建立程序数据的操作。 3. 了解程序数据的类型与分类
素养目标	1. 增强对工业机器人的学习兴趣。 2. 养成规范操作的习惯

任务描述

布尔量（Bool）类型的程序数据在工业机器人编程时经常用到，练习为工业机器人系统创建一个如图 6-1 所示的名为 flag 的布尔型程序数据，其初始值为 FALSE。

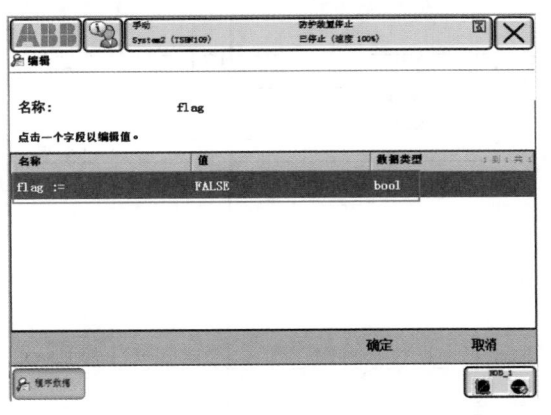

图6-1　创建一个名为flag的布尔型程序数据

任务分析

创建程序数据之前需要了解程序数据的类型与分类。程序数据的建立有两种形式，一种是直接在示教器中的程序数据界面中建立，另一种是在建立程序指令时，同时自动生成对应的程序数据。本任务主要是在示教器的程序数据界面中建立程序数据。

任务实施

相关知识

1. 程序数据的定义

程序数据是在程序模块或者系统模块中设定的值和定义的一些环境数据。

2. 程序数据的类型与分类

在工业机器人程序编写之前或者调用某条指令的过程中，需要创建或者修改程序数据。创建的程序数据由统一模块或其他模块的指令来调用。例如，有这样一条工业机器人常用的运动指令：

$$MoveJ\ p10,\ v500,\ z50,\ tool1;$$

此条关节运动指令 MoveJ 调用了 4 个程序数据，相关说明见表 6-1。

表6-1 程序数据的类型及说明

程序数据	数据类型	说明
p10	robtarget	工业机器人运动目标位置数据
v500	speeddata	工业机器人运动速度数据
z50	zonedata	工业机器人运动转弯数据
tool1	tooldata	工业机器人工具数据 TCP

ABB 工业机器人的程序数据共有 76 个，并且可以根据实际情况进行程序数据的创建，为 ABB 工业机器人的程序设计带来了无限的可能。在示教器的"程序数据 – 全部数据类型"界面可查看和创建所需的程序数据，如图 6-2 所示。

图6-2 示教器的"程序数据–全部数据类型"界面

建立程序数据

①单击"ABB""程序数据"命令，如图 6-3 所示。在调出的"程序数据 – 已用数据类型"界面，单击"视图"按钮在其下拉菜单中选择"全部数据类型"，如图 6-4 所示。

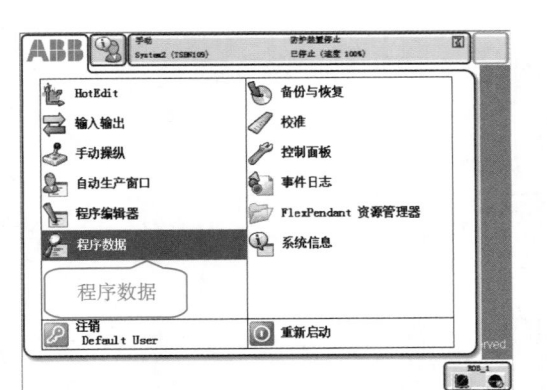

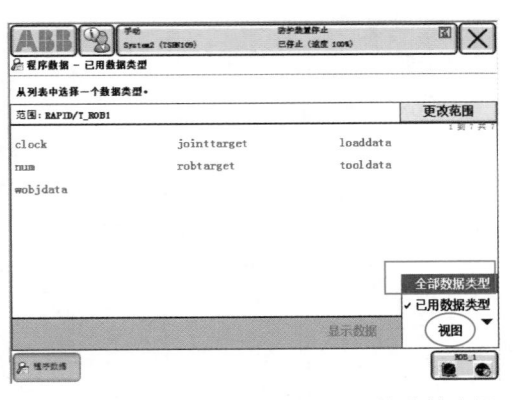

图 6-3　单击该菜单内的"程序数据"按钮

图 6-4　单击"视图"按钮在其下拉菜单选择
"全部数据类型"

②在调出的"程序数据－全部数据类型"界面，选中数据类型"bool"，再单击"显示数据"按钮，如图 6-5 所示。

③在调出的"数据类型：bool"界面，单击"新建"按钮，如图 6-6 所示。在调出的"新数据声明"界面，将数据类型的名称设定为"flag"，再单击"初始值"按钮，如图 6-7 所示。

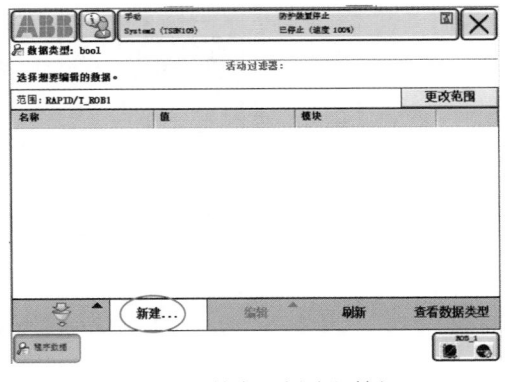

图 6-5　选中数据类型"bool"，再单击
"显示数据"按钮

图 6-6　单击"新建"按钮

图 6-7　将数据类型的名称设定为"flag"，再单击"初始值"按钮

相关知识

图 6-7 中的数据设定参数及说明见表 6-2。

表6-2　数据设定参数及说明

数据设定参数	说明	数据设定参数	说明
名称	设定数据的名称	模块	设定数据所在的模块
范围	设定数据可使用的范围	例行程序	设定数据所在的例行程序
存储类型	设定数据的可存储类型	维数	设定数据的维数
任务	设定数据所在的任务	初始值	设定数据初始值

④在调出的"编辑"界面，将"flag"的初始值设定为"FALSE"，单击"确定"按钮，如图 6-8 所示，完成设定。

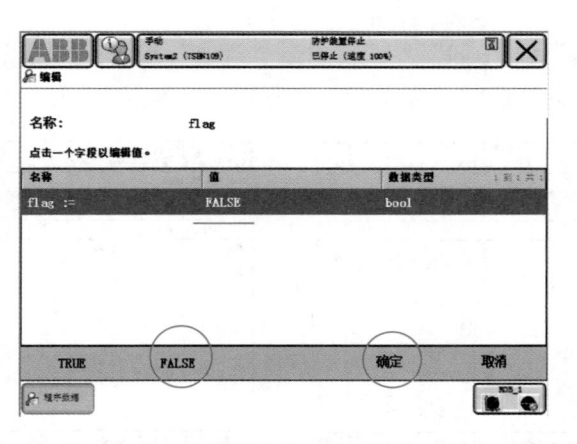

图 6-8　将"flag"的初始值设定为"FALSE"，单击"确定"按钮

任务评价

对任务实施的情况进行评价，见表 6-3。

表6-3　任务评价表

序号	主要内容	考核要求	评分标准	配分	得分
1	程序数据类型	了解常用的数据类型	常用的数据类型复述错误每处扣 5 分	30	
2	建立程序数据	掌握正确建立程序数据的方法	按照任务要求建立程序数据，类型或者数值错误每处扣 30 分	70	
合计				100	

任务二 创建 RAPID 程序

情景导入

工业机器人生产流水线产品升级换代，某工程师需要为项目创建一个新的 RAPID 程序。

学习目标

知识与能力目标	1.了解工业机器人程序架构。 2.学会创建程序模块和例行程序
素养目标	1.通过了解工业机器人程序架构，加强规则意识。 2.通过创建不同用途的各种机器人程序模块，养成整理归类的习惯

任务描述

创建名称为"mTest"的程序模块和名称为"rTraining1"的例行程序，如图 6-9 所示。

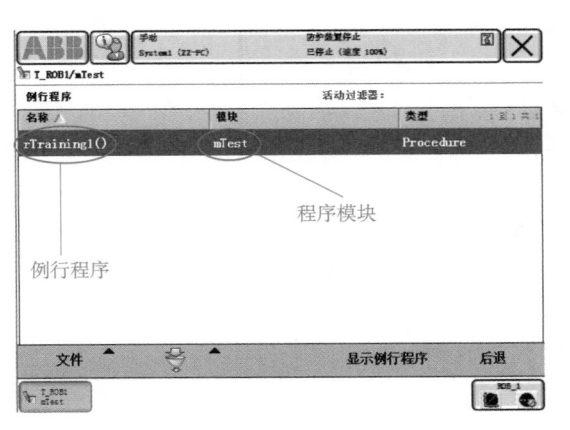

图6-9 创建名称为"mTest"的程序模块，然后在该程序模块中
创建名为"rTraining1"的例行程序

任务分析

RAPID 程序是由程序模块与系统模块组成。需要先在程序模块中创建"mTest"的程序模块。然后在该程序模块中创建名为"rTraining1"的例行程序。

任务实施

相关知识

1. 工业机器人程序架构

RAPID 程序中包含了一连串控制工业机器人的指令，执行这些指令可以实现控制操作工业机器人。应用程序是使用称为 RAPID 编程语言的特定词汇和语法编写而成的。RAPID 程序是一种英文编程语言，所包含的指令可以移动工业机器人、设置输出、读取输入，还能实现条件逻辑判断与程序调用，以及与系统操作员交流等功能。

RAPID 程序的基本架构见表 6-4。

表6-4 RAPID程序的基本架构

PAPID			
程序模块 1	程序模块 2	程序模块 3	系统模块
程序数据	程序数据	……	程序数据
主程序 main	例行程序	……	例行程序
例行程序	中断程序	……	中断程序
中断程序	功能	……	功能
功能		……	

2. 程序架构说明

①RAPID 程序是由程序模块与系统模块组成。一般地，只通过新建程序模块来构建工业机器人程序，而系统模块多用于系统方面的控制。

②可以根据不同的用途创建多个程序模块，例如，可以创建一个程序模块专门用来作位置计算，也可以创建一个专门用于存放数据的程序模块，这样便于归类管理不同用途的例行程序与数据。

③每一个程序模块包含程序数据、例行程序、中断程序和功能 4 种对象，但是不一定在每一个模块中都有这 4 种对象，根据具体需要创建相应对象。各个程序模块之间的对象是可以相互调用。例如，程序模块 1 可以调用程序模块 2 的例行程序，程序模块 2 可以调用程序模块 3 的程序数据。

④在工业机器人程序，有且仅有一个称为 main 的主程序，它作为整个程序执行的起点，可以存在于任何一个程序模块中。

1. 创建程序模块

①单击"ABB"→"程序编辑器"命令，如图 6-10 所示。弹出如图 6-11 所示"无程序"提示框，单击"取消"按钮，进入模块列表界面。

②在调出的"模块"界面，单击"文件"菜单在其下拉菜单中选择"新建模块"，如图 6-12 所示。弹出如图 6-13 所示"模块"提示框，单击"是"按钮。

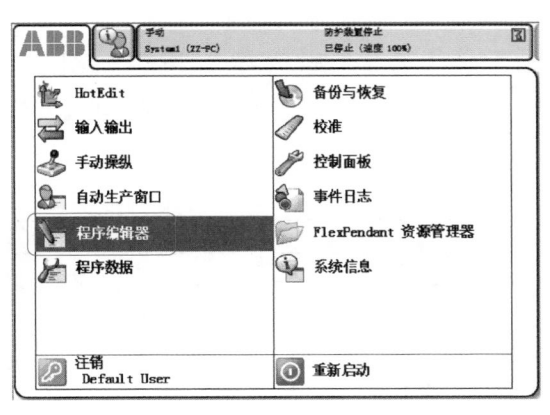

图 6-10 单击该菜单内的"程序编辑器"按钮

图 6-11 "无程序"提示框

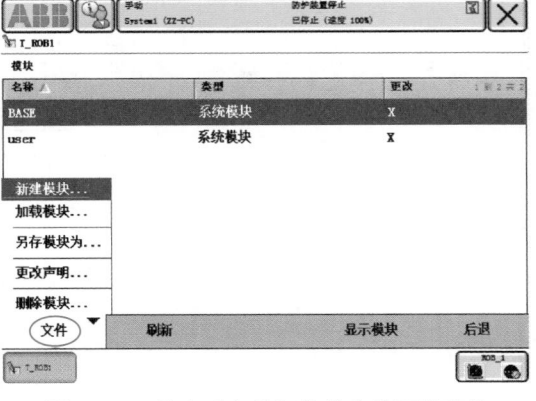

图 6-12 单击"文件"菜单在其下拉菜单
选择"新建模块"

图 6-13 "模块"提示框

③在调出的"新模块 – NewPRogramName – T_ROB1"界面，单击"ABC..."按钮，在"名称："文本框中输入"mTest"，然后单击"确定"按钮，如图 6-14 所示，完成 mTest 程序模块的创建。

图 6-14 在"名称："文本框中输入"mTest"，然后单击"确定"按钮

2. 创建例行程序

①在调出的"T_ROB1"界面，选中模块"mTest"，然后单击"显示模块"按钮，如图 6-15 所示。在调出的"NewPRogramName – T_ROB1/MTest"界面，单击"例行程序"按钮，如图 6-16 所示。

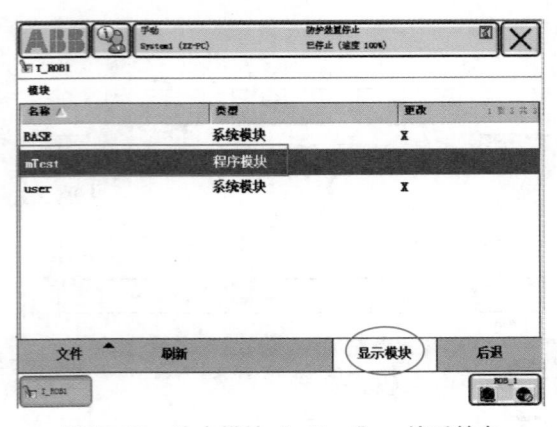

图 6-15　选中模块"mTest"，然后单击 "显示模块"按钮

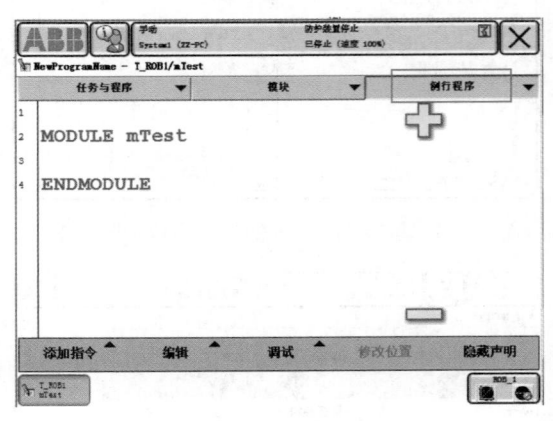

图 6-16　单击"例行程序"按钮

②在调出的"T_ROB1/MTest"界面，单击"文件"按钮，在其下拉菜单中选择"新建例行程序"，如图 6-17 所示。

③在调出的"新例行程序 – NewPRogramName – T_ROB1/MTest"界面，单击"ABC..."按钮，在"名称："文本框中输入"rTraining"将其设定为程序名，确定例行程序创建于程序模块 mTest 中，然后单击"确定"按钮，如图 6-18 所示。此时，例行程序创建完毕。

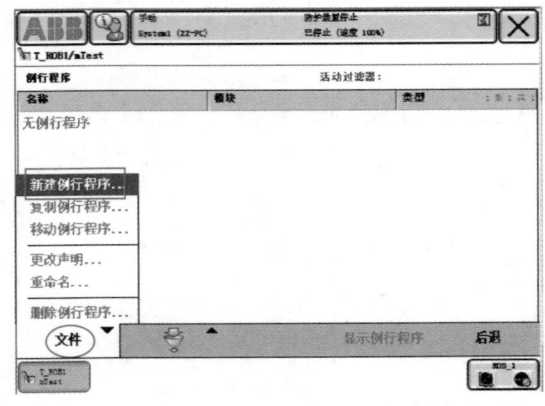

图 6-17　选择"新建例行程序"

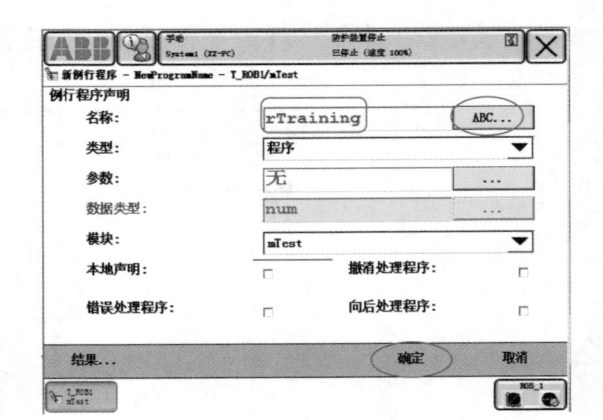

图 6-18　在"名称："文本框中输入 "rTraining"将其设定为程序名

任务评价

对任务实施的情况进行评价，见表 6-5。

表6-5　任务评价表

序号	主要内容	考核要求	评分标准	配分	得分
1	工业机器人程序架构	了解工业机器人程序架构	工业机器人程序架构复述错误每处扣 10 分	20	
2	创建程序模块	掌握创建程序模块的方法	程序模块属性创建错误每处扣 10 分	40	
3	创建例行程序	掌握创建例行程序的方法	例行程序属性创建错误每处扣 10 分	40	
合 计				100	

任务三　运用工业机器人运动指令

运用工业机器人
运动指令

情景导入

某工程师进行轨迹编程，需要添加运动指令。工业机器人的运动指令可以使工业机器人实现各种运动，是使用最多的指令。

学习目标

知识与能力目标	1. 掌握工业机器人基本运动指令。 2. 学会目标点示教。 3. 学会运行和调试工业机器人程序
素养目标	1. 了解不同运动指令所呈现的运动轨迹，增强对工业机器人的学习兴趣。 2. 合理设定指令参数，形成规范意识

任务描述

在例行程序 rCircle 中完成工业机器人从 p0 点→ p1 点→ p2 点→ p3 点→ p0 点的运动，如图 6-19 所示。新建例行程序 rCircle 完成工业机器人从 p0 点→ p4 点沿工件边缘作圆弧运动→ p0 点的运动，如图 6-20 所示。

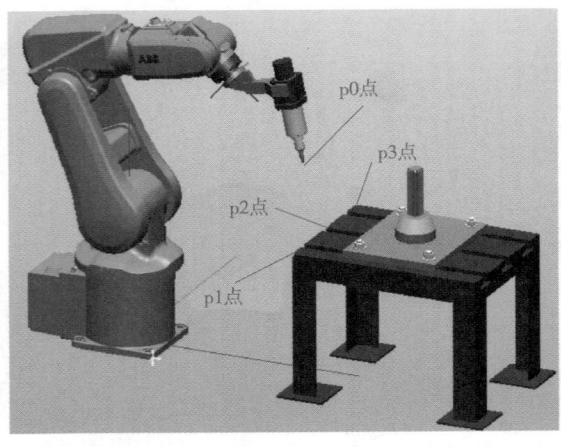

图 6-19　工业机器人仿真工作站

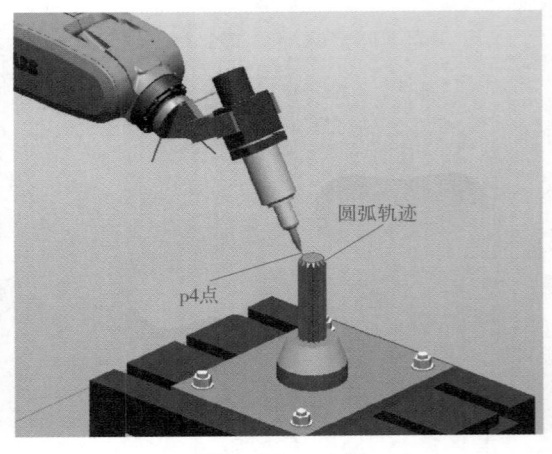

图 6-20　p4 点

任务分析

要完成工业机器人从 p0 点→p1 点→p2 点→p3 点→p0 点的运动过程，第一步，要规定工业机器人各轴角度的 p0 点，选择工业机器人的绝对位置运动指令 MoveAbsJ。第二步，p0 点作为工业机器人运动路径的起点，它要求工业机器人 6 轴的角度分别为 0°、−25°、15°、0°、50°、0°，那么需要修改指令中的目标点位置数据。第三步，工业机器人从 p0 点→p1 点，对工业机器人的运动没有特殊要求，可以选择关节运动指令 MoveJ，使其以一种比较舒服的姿态运动到 p1 点。再经过 p2 点到达 p3 点，最后回到 p0 点，运动轨迹 p1、p2、p3 三点在同一条直线上（p1 和 p3 是桌子的两个顶点），需要使用直线运动指令 MoveL。第四步，手动操纵机器人运动到桌角位置，修改目标点位置数据。

要完成工业机器人从 p0 点→p4 点→沿工件边缘作圆弧运动→p0 点的运动，第一步，新建例行程序 rCircle。第二步，规定工业机器人各轴角度的 p0 点，选择工业机器人的绝对位置运动指令 MoveAbsJ。然后工业机器人需从 p0 点运动到 p4 点，这个过程中对其轨迹不作特殊要求，可选择插入第二条指令（关节运动指令 MoveJ），使其以比较舒服的姿态运动到 p4 点，p4 为新建的工业机器人运动目标位置数据，按示教方法设定 p4 点的位置数据。第三步，工业机器人 TCP 要绕着桌面物体上表面的圆面作圆弧运动，需在程序中插入圆弧运动指令 MoveC，新建的 p4 点作为圆弧路径的第一个点，在该指令中设置 p14 和 p24 两个目标点分别作为圆弧上的第二和第三个点，通过手动示教的方法改变其位置数据，并按示教方法设定指令中的 p14 和 p24 的位置数据。第四步，第一条圆弧指令设定完成，工业机器人的轨迹只能走半圆，要绕着整圆一圈，必须再新添一条圆弧指令 Move C，在该指令中设置 p34 和 p44 两个目标点分别作为圆弧上的第四和第五个点，通过手动示教的方法改变其位置数据，并按示教方法设定指令中的 p34 和 p44 的位置数据。第五步，工业机器人回到 p0 点需修改数据 z50 并调试程序。

任务实施

相关知识

工业机器人运动指令

工业机器人在空间中运动主要有关节运动指令（MoveJ）、线性运动指令（MoveL）、圆弧运动指令（MoveC）和绝对位置运动指令（MoveAbsJ）4 种方式。

（1）关节运动指令（MoveJ）

关节运动指令是在路径精度要求不高的情况下，工业机器人的 TCP（TCP）从一个位置移动到另一个位置，两个位置之间的路径不一定是直线。关节运动指令适合工业机器人大范围运动时使用，不容易在运动过程中出现关节轴进入机械死点的问题。关节运动路径示意图如图 6-21 所示。

图 6-21 关节运动路径示意图

指令语法如下：

MoveJ p1,v1000,z50,\tool1\wobj:=wobj1;

指令中各参数含义与表6-4一致。

（2）线性运动指令（MoveL）

线性运动指令是工业机器人的TCP从起点到终点之间的路径始终保持为直线。一般应用在焊接、涂胶等对路径精度要求比较高的场合。线性运动路径示意图如图6-22所示。

指令语法：

MoveL p1,v1000,z50,\tool1\wobj:=wobj1;

指令中各参数含义与表6-4一致。

（3）圆弧运动指令（MoveC）

圆弧运动指令是在工业机器人可到达的空间范围内定义三个位置点，第一点是圆弧的起点，第二个点用于圆弧的曲率，第三个点是圆弧的终点。圆弧运动示意图如图6-23所示，p10是圆弧的第1个点，p30是圆弧的第二个点，p40是圆弧第3个点。

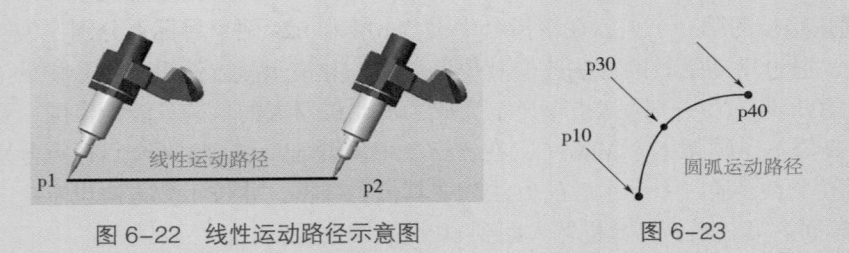

图6-22　线性运动路径示意图　　　　图6-23

（4）绝对位置运动指令（MoveAbsJ）

绝对位置运动指令是工业机器人的运动通过6个轴和外轴的角度值来定义目标位置数据，常用于工业机器人6个轴回到机械零点（0°）的位置，指令语法如下：

MoveAbsJ jpos1,v1000,z50,\tool1\wobj:=wobj1;

指令中各参数的含义见表6-6。

表6-6　指令中各参数的含义

参数	含义
jpos1	目标点位置数据
v1000	运动速度数据，1 000 mm/s
z50	转弯区数据
tool1	工具坐标数据
wobj1	工件坐标数据

> ✍ **小提示:**
>
> 　　在使用工业机器人运动指令时,如果是一段路径的最后一个点,指令中的转弯区数据一定要为 fine。

1. 完成工业机器人从 p0 点→p1 点→p2 点→p3 点→p0 点的运动

　　①在"手动操纵"界面确定已选定的工具坐标与工件坐标,如图 6-24 所示。从"程序编辑器"打开已创建完成的例行程序"rTraining",选择"<SMT>"为添加指令的位置,单击"添加指令"菜单,选择"MoveAbsJ",如图 6-25 所示。完成指令插入,如图 6-26 所示。

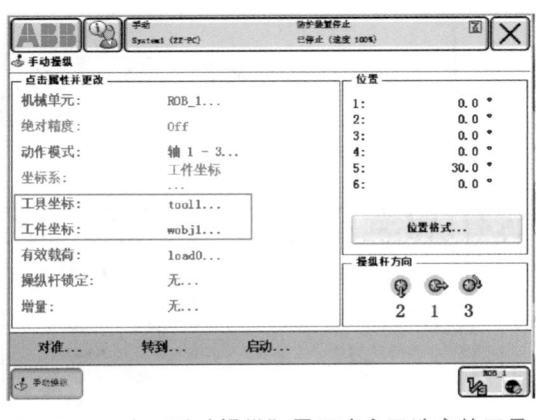

图 6-24　在"手动操纵"界面确定已选定的工具
坐标与工件坐标

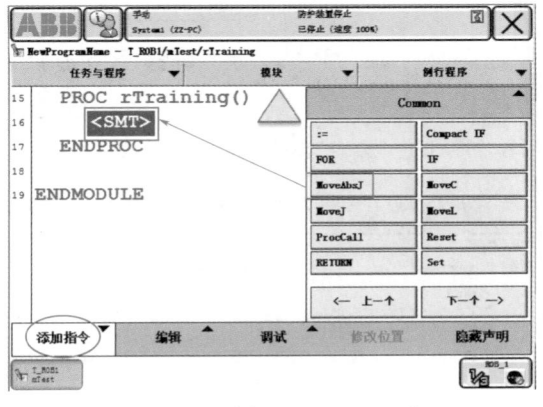

图 6-25　选择"MoveAbsJ"

图 6-26　完成指令插入

　　②选中"*",单击"编辑"菜单,选择"更改选择内容 ...",如图 6-27 所示。在调出的"更改选择"界面,单击"新建"按钮,如图 6-28 所示。在调出的"新数据声明"界面,在"名称:"文本框输入"p0"设定为数据名称,再单击"确定"按钮,如图 6-29 所示。在调出的"New Program Name-T_ROBI/MTest/rTraining"界面,选中"p0",单击"调试"菜单选择"查看值",如图 6-30 所示。在调出的"编辑"界面,通过右边的小键盘,将左边的"rax_1~rax_6"的数

据依次修改为"0°、25°、15°、0°、50°、0°",最后单击"确定"按钮,如图 6-31 所示,完成设定。

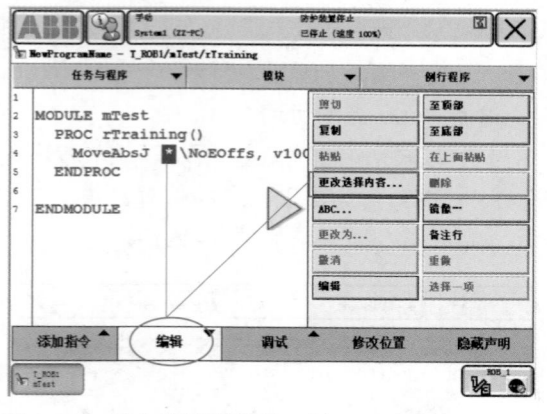

图 6-27 单击"编辑"菜单,选择"更改选择内容..."

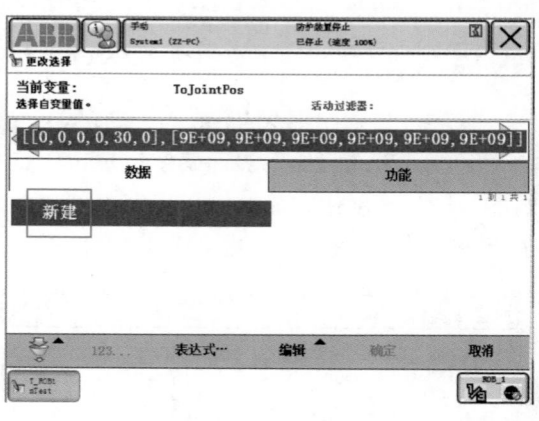

图 6-28 单击"新建"按钮

图 6-29 在"名称:"文本框输入"p0"
设定为数据名称

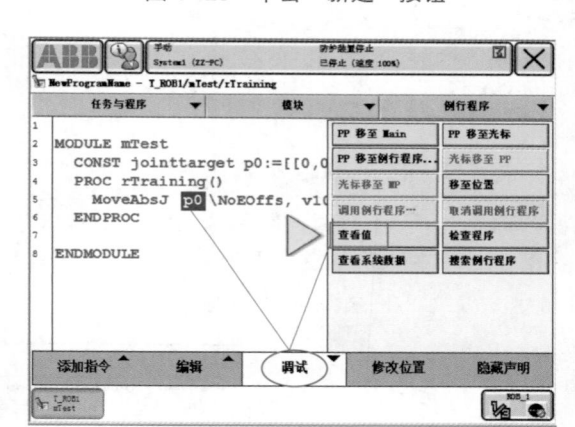

图 6-30 选中"p0",单击"调试"菜单
选择"查看值"

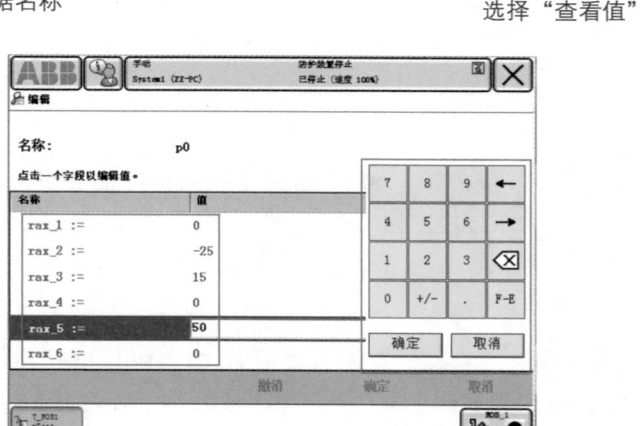

图 6-31 将左边的"rax_1~rax_6"的数据依次修改为"0°、25°、15°、0°、50°、0°"

③参考上述插入指令的方法，插入第二条指令：关节运动指令 MoveJ，新建程序数据"p1"，只设定其名称，位置数据暂时不设置，如图 6-32 所示。在程序中插入第三条指令：线性运动指令 MoveL，新建程序数据"p2"，只设定其名称，位置数据暂时不设置，如图 6-33 所示。在程序中插入第四条指令：线性运动指令 MoveL，新建程序数据"p3"，只设定其名称，位置数据暂时不设置，如图 6-34 所示。工业机器人回到 p0 点，可复制第一条指令。选中第一条指令，打开"编辑"菜单，选择"复制"，如图 6-35 所示。选中第四条指令，打开"编辑"菜单，选择"粘贴"，如图 6-36 所示。完成第一条指令的复制粘贴，然后选中"z50"，将该转弯数据修改成"fine"，如图 6-37 所示。至此，任务所需的指令添加完成。

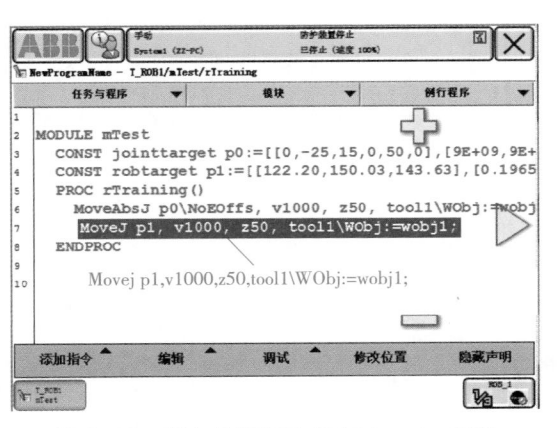

图 6-32 插入关节运动指令 MoveJ，新建程序数据"p1"

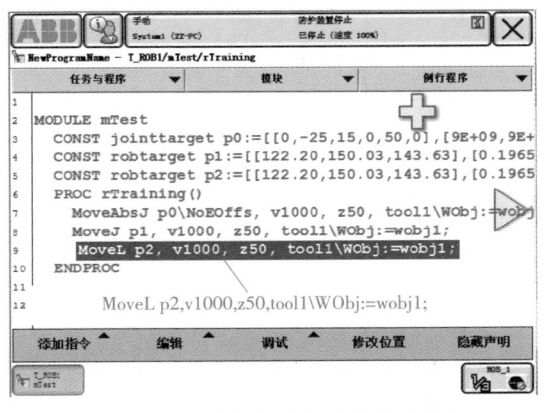

图 6-33 在程序中插入线性运动指令 MoveL，新建程序数据"p2"

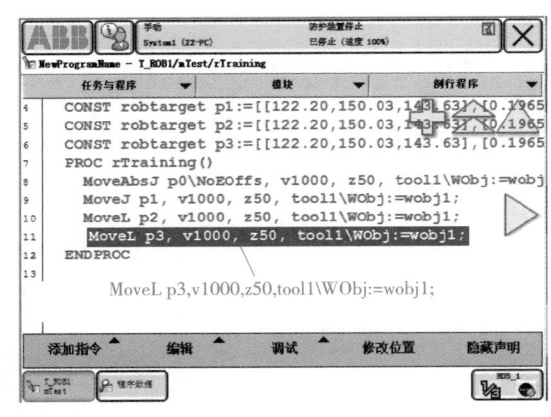

图 6-34 在程序中插入线性运动指令 MoveL，新建程序数据"p3"

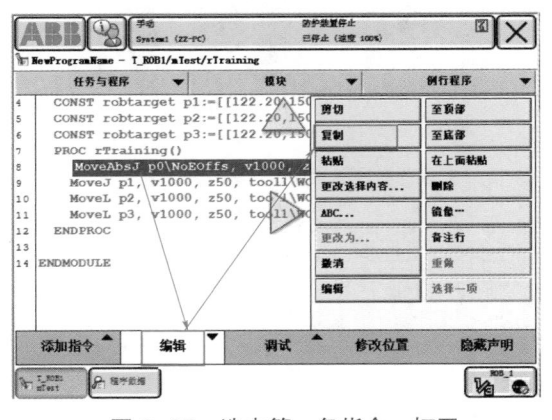

图 6-35 选中第一条指令，打开"编辑"菜单，选择"复制"

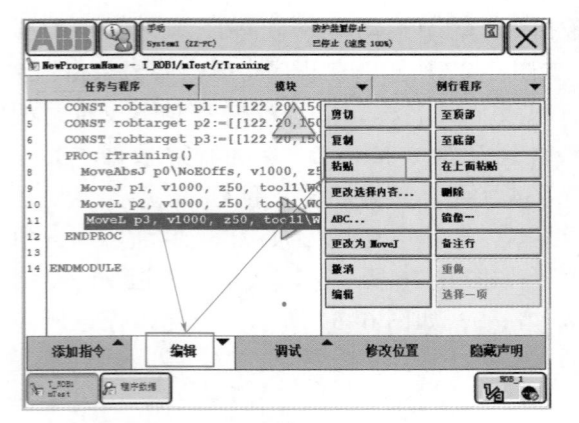

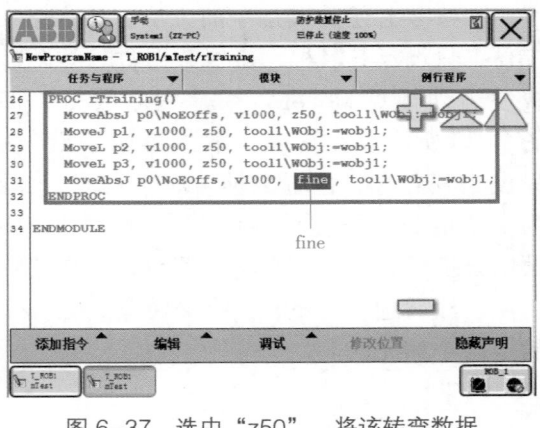

图6-36　选中第四条指令,打开"编辑" 菜单,选择"粘贴"

图6-37　选中"z50",将该转弯数据 修改成"fine"

④选择"手动操纵",选用合适的动作模式,手动操纵工业机器人运动到如图6-38所示的桌角位置。选中第二条MoveJ指令中的"p1",单击"修改位置"按钮,在弹出的对话框中单击"修改"按钮,如图6-39所示。即完成"p1"点位置数据的设定。

图6-39选中第二条MoveJ指令中的"p1",单击"修改位置"按钮。

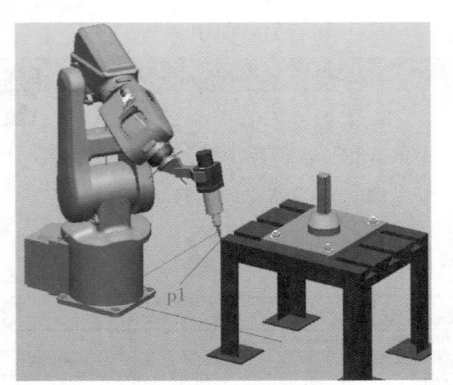

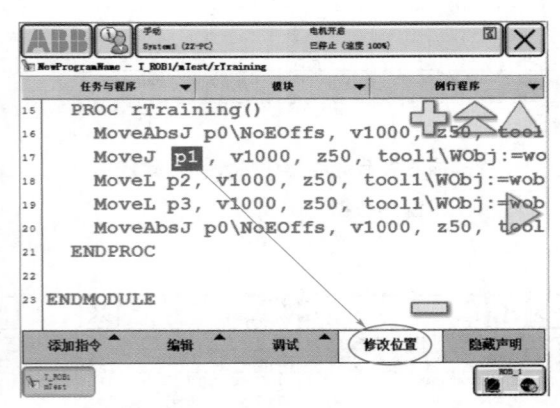

图6-38　手动操纵工业机器人运动到 桌角位置

图6-39　选中第二条Movej指令中的"p1", 单击"修改位置"按钮

参考以上步骤,分别将工业机器人手动操纵运动到如图6-19所示的p2、p3点,然后通过"修改位置"设定"p2"和"p3"的位置数据,设定完成后,编程任务(从p0点→p1点→p2点→p3点→p0点的运动)结束。

相关知识

通过手动操纵工业机器人到期望位置后修改位置以完成目标点位置设定的方法称之为目标点示教方法。

2. 完成工业机器人从 p0 点→ p4 点→沿工件边缘作圆弧运动→ p0 点的运动

①参照任务一程序 rTraining 的新建方法，在同一个程序模块 mTest 中，新建例行程序 rCircle，如图 6-40 所示。

②插入运动到 p0 点的运动指令 MoveAbsJ，选中目标点的位置数据"*"，在目标数据中选择"p0"将其替换，如图 6-41 所示。插入关节运动指令 MoveJ，选中目标点的位置数据"*"，在目标数据中选择"p4"将其替换，如图 6-42 所示。手动操纵工业机器人到如图 6-43 所示的 p4 点位置，单击"修改位置""修改"命令，p4 点设定完毕。

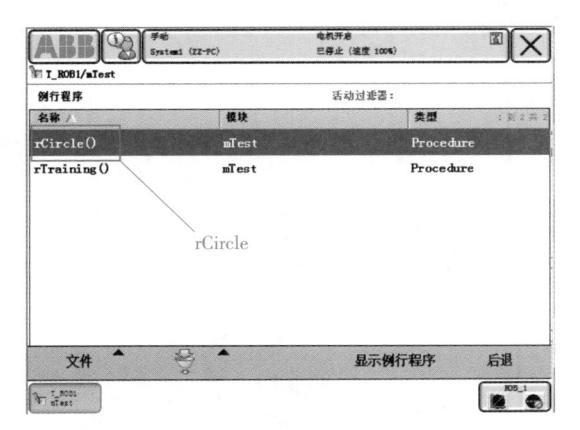

图 6-40　新建例行程序 rCircle

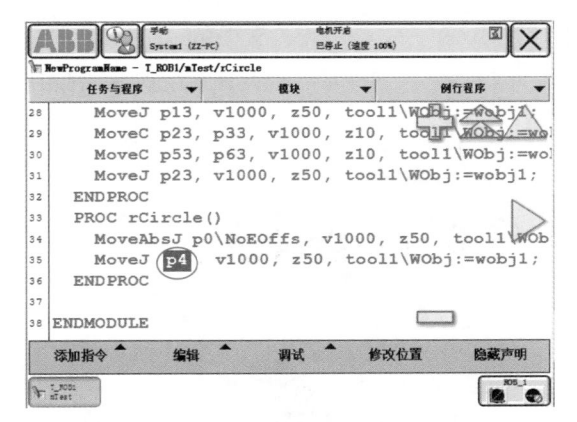

图 6-41　选中目标点的位置数据"*"，在目标数据中选择"p0"将其替换

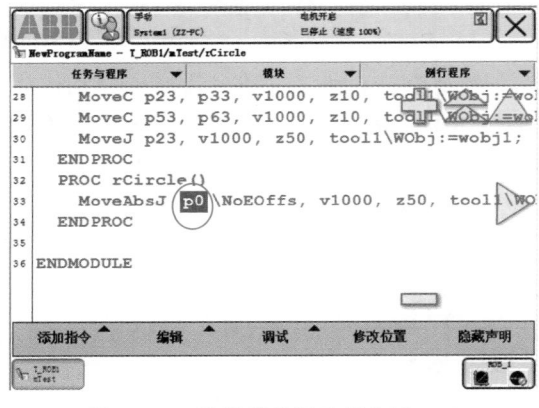

图 6-42　选择关节运动指令 MoveJ

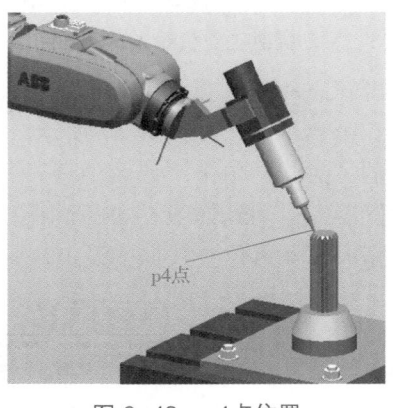

图 6-43　p4 点位置

③在程序中插入圆弧运动指令 MoveC，如图 6-44 所示。新建的 p4 点作为圆弧路径的第一个点，指令中的 p14 和 p24 两个目标点分别作为圆弧上的第二和第三个点，通过手动示教的方法改变其位置数据。

手动操纵工业机器人运动到如图 6-45 所示位置，选中该指令中的"p14"，单击"修改位置"→"修改"命令，完成 p14 点位置数据的设定。手动操纵工业机器人运动到如图 6-46 所示位置，选中指令中的"p24"，单击"修改位置"→"修改"命令，完成 p24 点位置数据的设定。

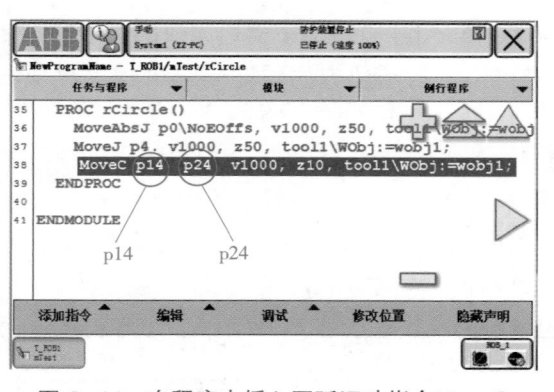

图 6-44　在程序中插入圆弧运动指令MoveC

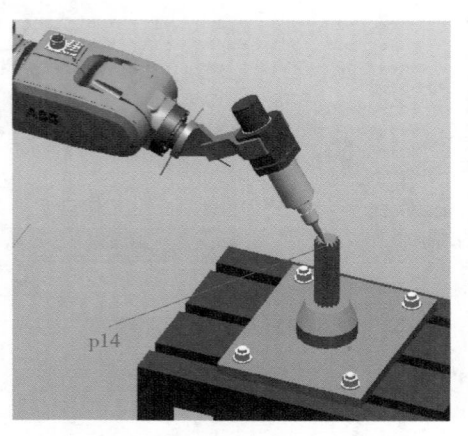

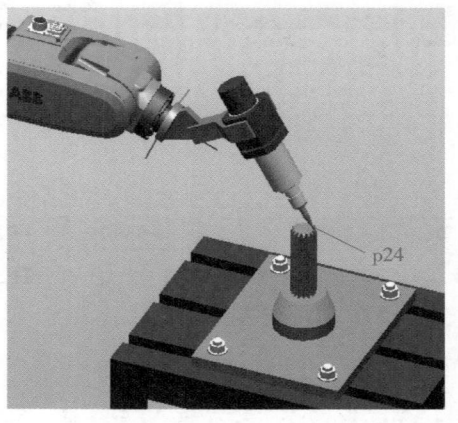

图 6-45　手动操纵工业机器人运动到图示位置(1)　　图 6-46　手动操纵工业机器人运动到图示位置(2)

④再新添一条圆弧指令 MoveC，在该指令中设置 p34 和 p44 两个目标点分别作为圆弧上的第四和第五个点，如图 6-47 所示。手动操纵工业机器人运动到如图 6-48 所示位置，选中指令中的"p34"，单击"修改位置"→"修改"命令，完成 p34 点位置数据的设定。手动操纵工业机器人运动到如图 6-49 所示位置，单击指令中的"p44"，单击"修改位置"→"修改"命令，完成 p44 点位置数据的设定。

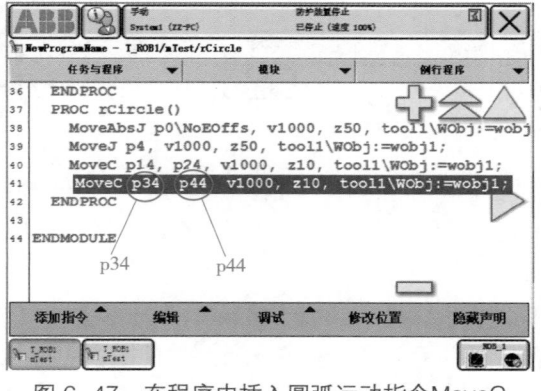

图 6-47　在程序中插入圆弧运动指令MoveC

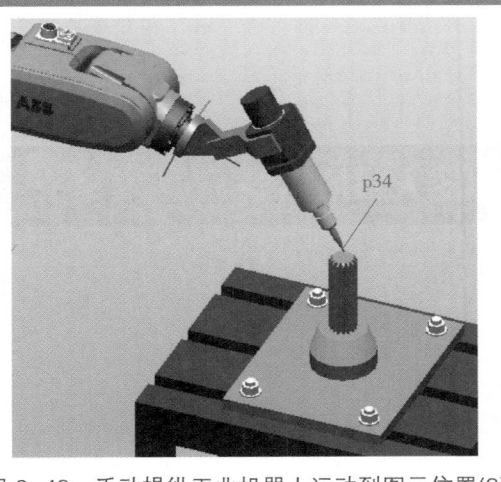
图 6-48　手动操纵工业机器人运动到图示位置(3)

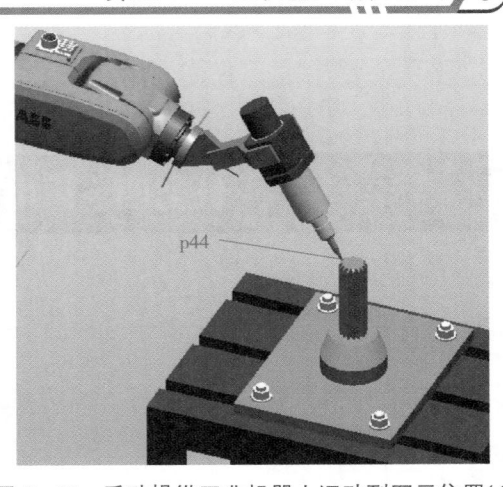
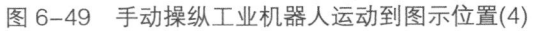
图 6-49　手动操纵工业机器人运动到图示位置(4)

⑤复制第一条语句粘贴到上一条 MoveC 语句下方，将拐弯数据"z50"修改成"fine"，如图 6-50 所示。至此，程序编写完成，最后调试工业机器人程序，最终达到任务要求。

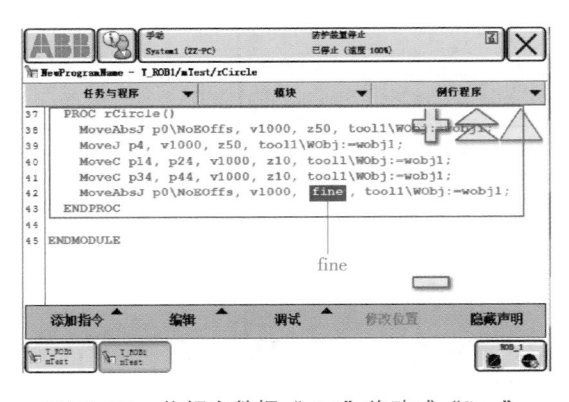
图 6-50　将拐弯数据"z50"修改成"fine"

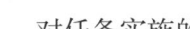 **任务评价**

对任务实施的情况进行评价，见表 6-7。

表6-7　任务评价表

序号	主要内容	考核要求	评分标准	配分	得分
1	工业机器人 4 种运动指令	掌握工业机器人 4 种运动指令的用法	正确掌握工业机器人 4 种运动指令的用法，运动指令用法复述错误每处扣 5 分	20	
2	完成工业机器人从 p0 点→p1 点→p2 点→p3 点→p0 点的运动	自主完成任务要求	指令类型选择错误每处扣 5 分，指令参数设定错误每处扣 5 分	40	
3	完成工业机器人从 p0 点→p4 点→沿工件边缘作圆弧运动→p0 点的运动	自主完成任务要求	指令类型选择错误每处扣 5 分，指令参数设定错误每处扣 5 分	40	
合计				100	

任务四　运用工业机器人赋值指令

情景导入

某工程师编程时要传送数据，需用到工业机器人赋值指令。

学习目标

知识与能力目标	1. 掌握工业机器人赋值指令。 2. 学会常量赋值和数学表达式赋值方法
素养目标	1. 通过数学运算符号与程序指令之间的转换，增强对工业机器人的学习兴趣。 2. 正确选择指令操作对象，养成细致严谨的习惯

任务描述

新建例行程序 r1，然后分别新建名为 reg1 和 reg2 的程序数据，其数据类型均为 num，通过添加工业机器人指令，为 reg1 赋值为 5，为 reg2 赋值为 reg1+5，如图 6-51 所示。

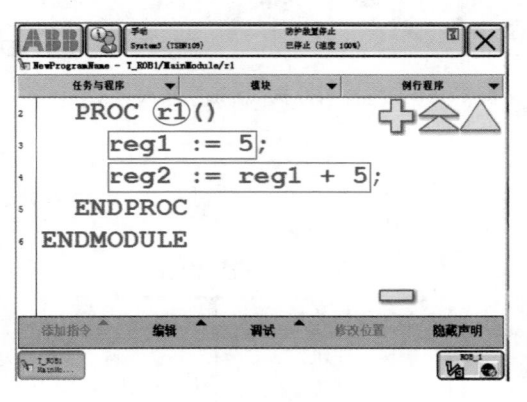

图 6-51　为reg1赋值为5，为reg2赋值为reg1+5

任务分析

赋值指令一般在例行程序中来使用，首先就需要创建一个例行程序，然后添加赋值指令，来进一步完成规定的任务。

任务实施

相关知识

赋值指令"：="用于对程序数据进行赋值。赋值可以是一个常量或数学表达式。例如，图 6-62 中"reg1：=5"就是常量赋值，"reg2：= reg1 + 5"就是数学表达式赋值。

1. 为 reg1 赋值 5

①新建名为 r1 的例行程序，在程序中待插入指令的地方选择赋值指令"：="，如图 6-52 所示。

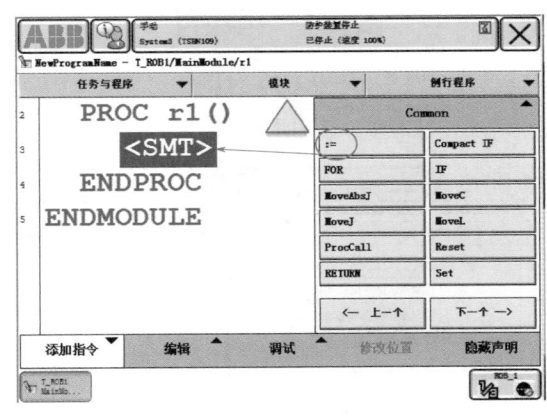

图 6-52 插入赋值指令"：="

②单击左边的"<VAR>"，选中下面数据中的"reg1"，如图 6-53 所示。然后选中"<EXP>"（选中后蓝色高亮显示），单击"编辑"按钮在其下拉菜单选择"仅限选定内容"，如图 6-54 所示。

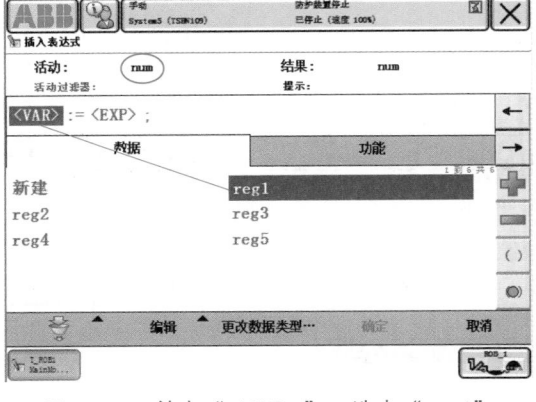

图 6-53 单击"<VAR>"，选中"reg1"

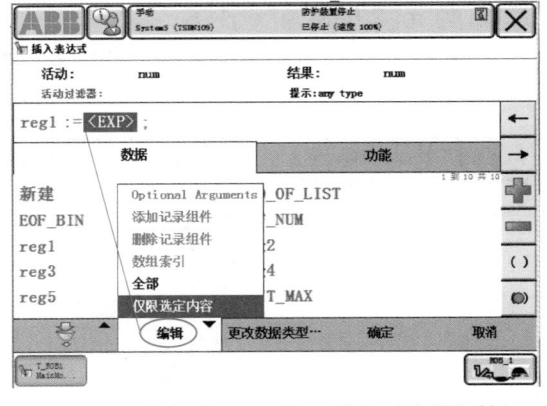

图 6-54 选中"<EXP>"，单击"编辑"按钮在其下拉菜单选择"仅限选定内容"

③在调出的"插入表达式 - 仅限选定内容"界面，通过键盘输入数字"5"，然后单击"确定"按钮，如图 6-55 所示。在调出的"插入表达式"界面，单击"确定"按钮，如图 6-56 所示。

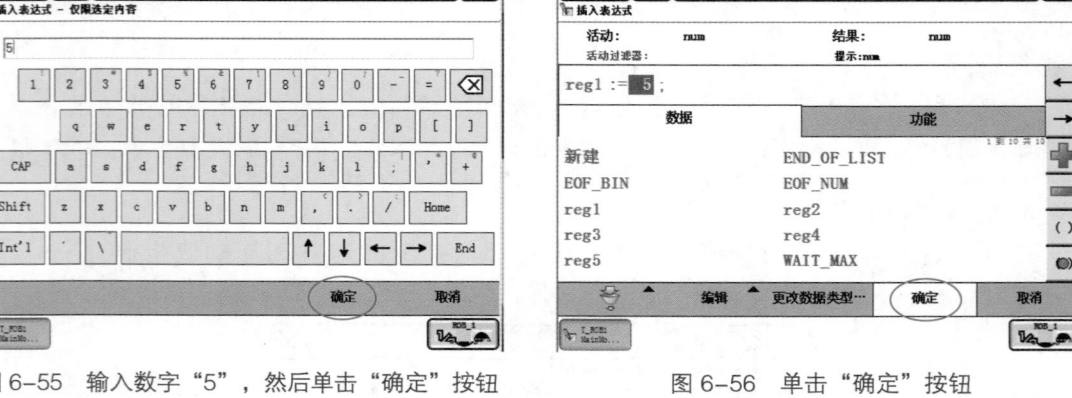

图 6-55　输入数字"5"，然后单击"确定"按钮　　　　图 6-56　单击"确定"按钮

④第一条赋值指令编写完成，如图 6-57 所示。

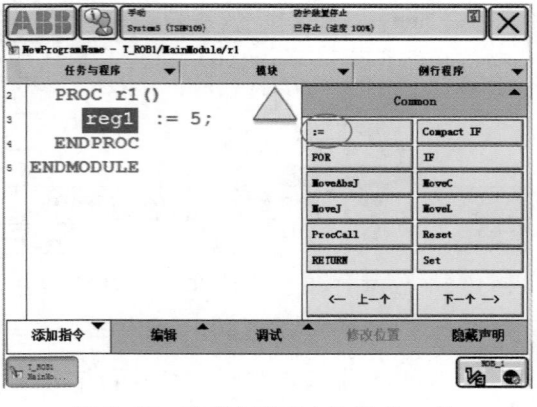

图 6-57　第一条赋值指令编写完成

2. 为 reg2 赋值为 reg1+5

①在指令列表中选择"：="，如图 6-58 所示。

②单击"<VAR>"reg2"<EXP>""reg1"命令，如图 6-59、图 6-60 和图 6-61 所示。

图 6-58　在指令列表中选择"：="　　　　图 6-59　单击"<VAR>"reg2命令

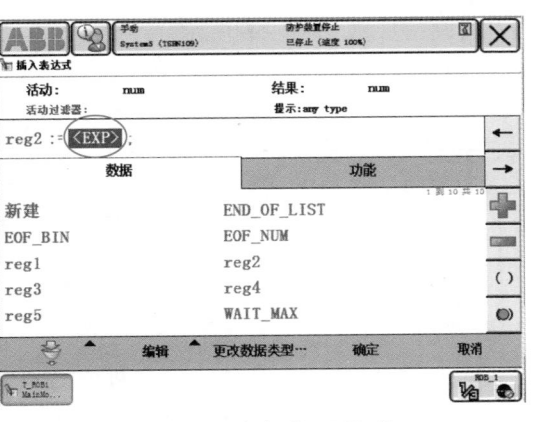

图 6-60 选中 "<EXP>"

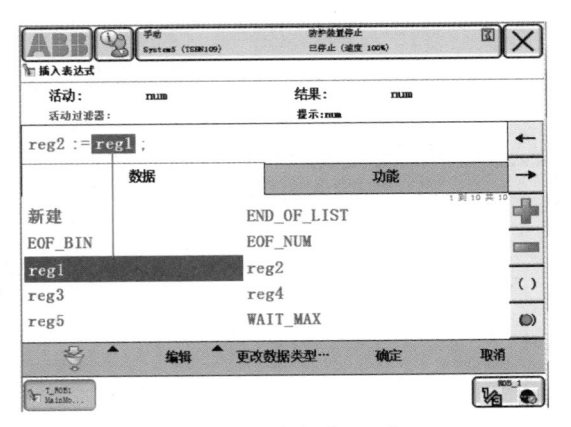

图 6-61 选中 "reg1"

③单击 "+" "<EXP>" 命令，然后单击 "编辑" "仅限选定内容" 命令，如图 6-62 和图 6-63 所示。

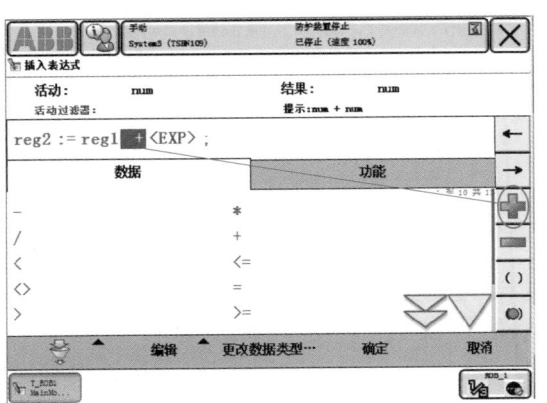

图 6-62 单击 "+" 按钮

图 6-63 选中 "<EXP>"，然后单击 "编辑"
"仅限选定内容" 命令

④在调出的 "插入表达式 - 仅限选定内容" 界面，通过键盘输入数字 "5"，然后单击 "确定" 按钮，如图 6-64 所示。在调出的 "插入表达式" 界面，单击 "确定" 按钮，如图 6-65 所示。

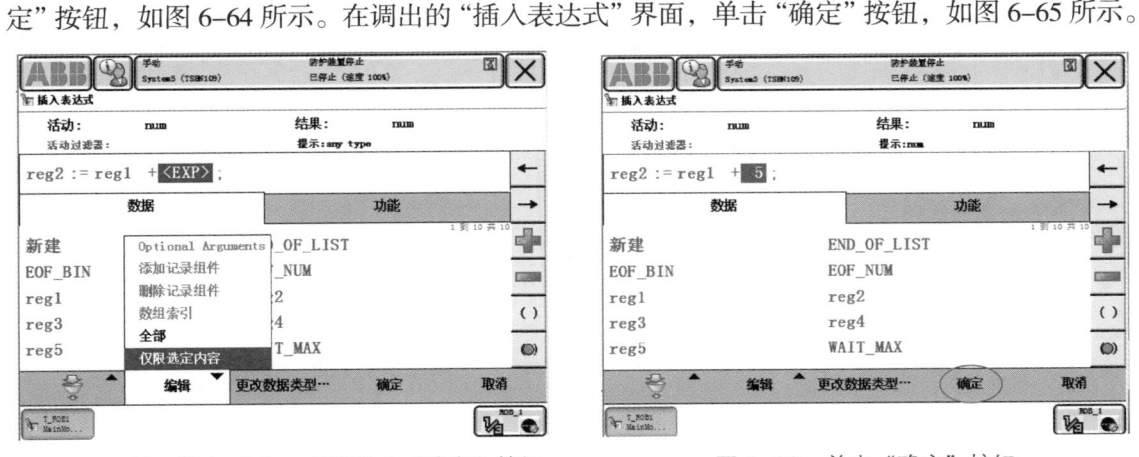

图 6-64 输入数字 "5"，然后单击 "确定" 按钮

图 6-65 单击 "确定" 按钮

⑤在弹出的"添加指令"提示框中，单击"下方"按钮，如图 6-66 所示。

⑥指令添加成功，第二条赋值指令编写完成，如图 6-67 所示，结束任务。

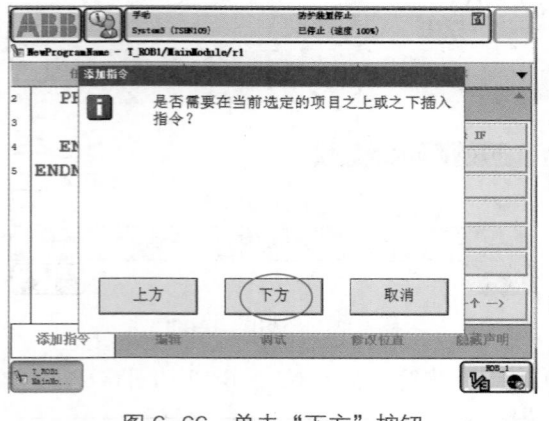

图 6-66　单击"下方"按钮

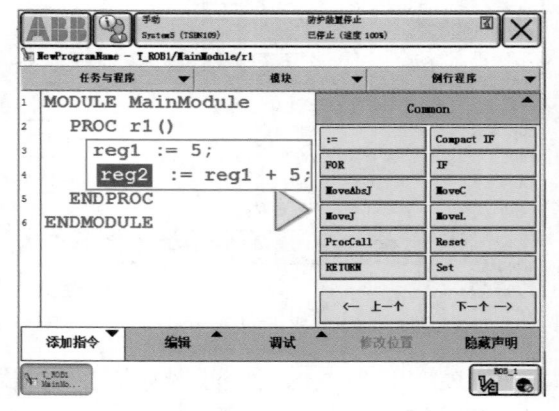

图 6-67　第二条赋值指令编写完

📖 任务评价

对任务实施的情况进行评价，见表 6-8。

表6-8　任务评价表

序号	主要内容	考核要求	评分标准	配分	得分
1	工业机器人赋值指令的含义	理解赋值指令的含义	赋值指令用法意义复述错误每处扣 10 分	30	
2	赋值指令的用法	正确使用赋值指令	赋值指令调用和指令参数使用错误每处扣 10 分	70	
合计				100	

任务五 工业机器人条件逻辑判断与程序调用

情景导入

某工程师在编程时，需要用到条件逻辑判断来执行后续程序，同时需要在此程序中调用其他例行程序。

学习目标

知识与能力目标	1. 掌握工业机器人条件逻辑判断指令。 2. 学会使用指令调用工业机器人例行程序
素养目标	1. 正确设定指令参数，保证程序循环完整性，形成整体意识。 2. 合理选择流程控制指令，锻炼逻辑思维能力

任务描述

新建例行程序 r2，对于在任务一中所建好的程序数据 flag，当它的值为 TRUE 时，运行例行程序 r1，如图 6-68 所示为添加指令后的结果。

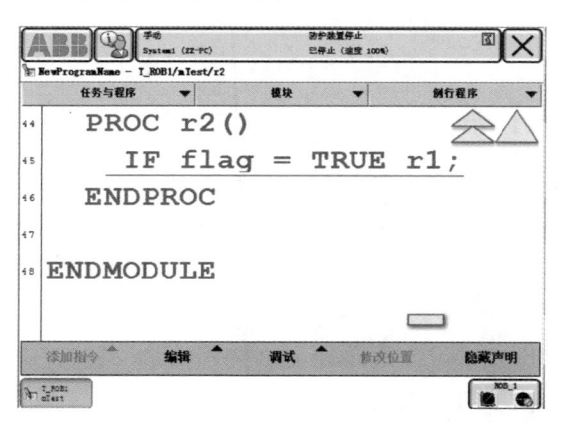

图 6-68 添加指令后的结果

任务分析

常用的条件判断指令有 IF、FOR、WHILE 等，可以实现不同的条件判断。调用例行程序一般使用 ProCall 指令。

任务实施

相关知识

条件逻辑判断指令用于对条件进行判断后，执行相应的操作，是 RAPID 程序中重要的组成部分，常用的条件逻辑判断指令有如下几种：

1. Compact IF 紧凑型条件判断指令

Compact IF 用于当一个条件满足以后，就执行一句指令。例如，如图 6-69 所示，如果 reg3 的值为 1，则 reg4 的值为 3。

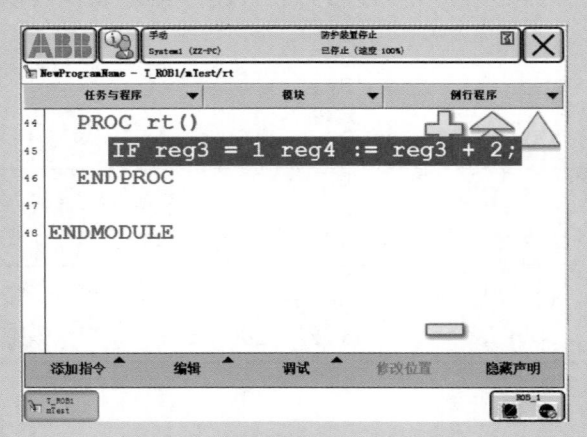

图 6-69　Compact IF的使用案例

2. IF 条件判断指令

IF 条件判断指令就是根据不同的条件去执行不同的指令。例如，如图 6-70 所示，如果 reg3=1，则 reg4=3；如果 reg3=2，则 reg4=2；除了上述两种条件之外，则 reg4=1。

该条指令中条件判定的条件数量可以根据实际情况增加或减少。

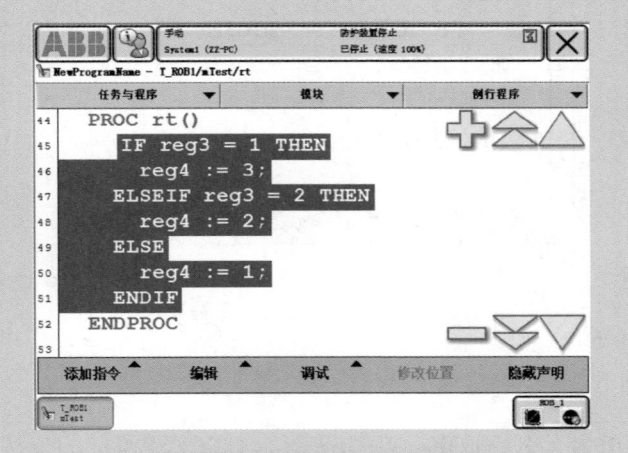

图 6-70　IF条件判断指令的使用案例

3. FOR 重复执行判断指令

FOR 重复执行判定指令，是用于一个或多个指令需要重复执行数次的情况。例如，如图 6-71 所示，赋值指令 reg3:=reg3+2，重复执行 10 次。如果 reg3 的初始值为 0，那么该指令执行完毕，reg3 的值变为 20。

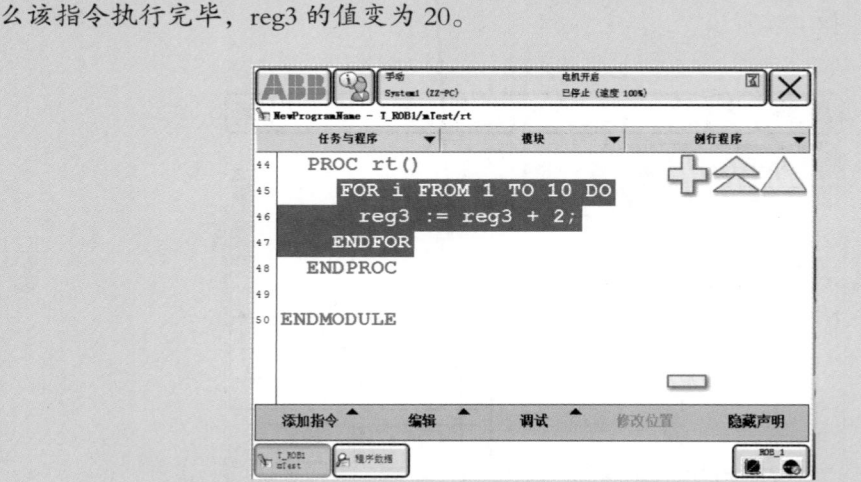

图 6-71　FOR重复执行判定指令的使用案例

4. WHILE 条件判断指令

WHILE 条件判断指令，用于在给定条件满足的情况下，一直重复执行对应的指令。例如，如图 6-72 所示，当 reg3>reg4 的条件满足的情况下，就一直执行 reg4=reg4+1 的操作。

图 6-72　WHILE条件判断指令的使用案例

5. ProCall 调用例行程序指令

通过 ProCall 指令在指定位置调用例行程序。

调用例行程序 r1

例如，新建一个例行程序 rt，需要在 rt 中调用前面已经建立完成的例行程序 r1，步骤如下：

①选中"<SMT>"作为要调用例行程序的位置，然后在添加指令的列表中，选择"ProCall"指令，如图 6-73 所示。

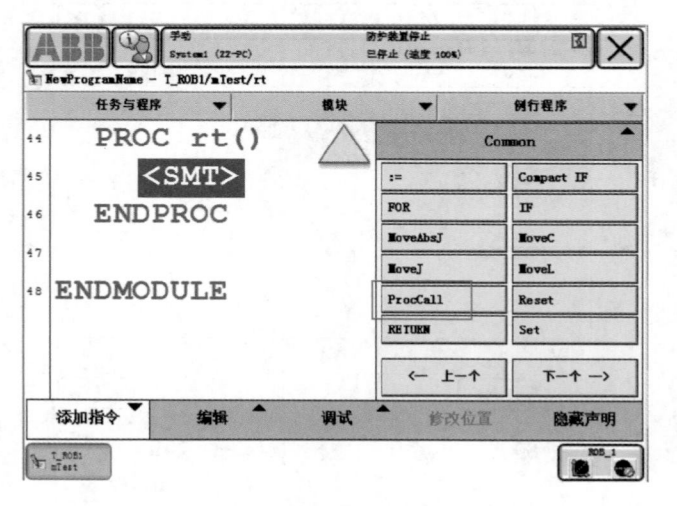

图 6-73　选择"ProCall"指令

②在调出的"添加指令 – 子程序调用"界面选中要调用的例行程序"r1"，然后单击"确定"按钮，如图 6-74 所示。

图 6-74　选中要调用的例行程序"Y1"

③调用例行程序指令执行的结果如图 6-75 所示。

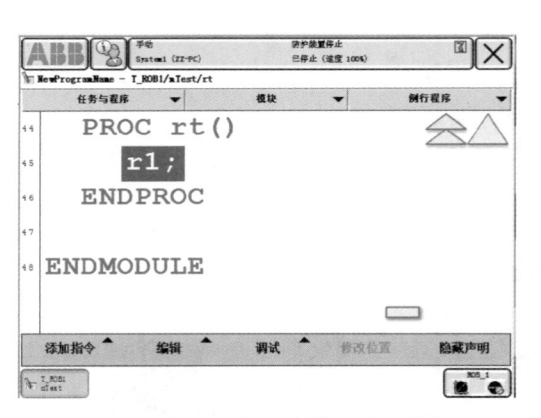

图 6-75　调用例行程序指令执行的结果

补充任务

新建例行程序 r2，对于在任务一中所建好的程序数据 flag，当它的值为 TRUE 时，运行例行程序 r1，如图 6-76 所示为添加指令后的结果。

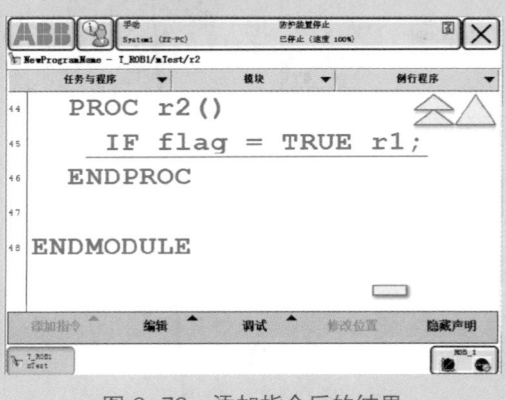

图 6-76　添加指令后的结果

📖 任务评价

对任务实施的情况进行评价，见表 6-9。

表6-9　任务评价表

序号	主要内容	考核要求	评分标准	配分	得分
1	Compact IF 紧凑型条件判断指令	掌握此指令的用法	不能够正确使用此指令扣 10 分	20	
2	IF 条件判断指令	掌握此指令的用法	不能够正确使用此指令扣 10 分	20	
3	FOR 重复执行判断指令	掌握此指令的用法	不能够正确使用此指令扣 10 分	20	
4	WHILE 条件判断指令	掌握此指令的用法	不能够正确使用此指令扣 10 分	20	
5	ProCall 调用例行程序指令	掌握此指令的用法	不能够正确使用此指令扣 10 分	20	
合计				100	

练习作业

1. 简述 RAPID 程序结构的组成部分。

2. 创建名为 m1 的程序模块，并在该模块中建立 2 个例行程序，分别命名为 r10 何 r20，创建完成的效果应如图 6-77 所示。

3. 在 r10 的例行程序中，编写工业机器人程序，使其按照如图 6-78 所示的红色线条运动，该轨迹为矩形，轨迹起点和终点不限，最终能达到图示效果即可。

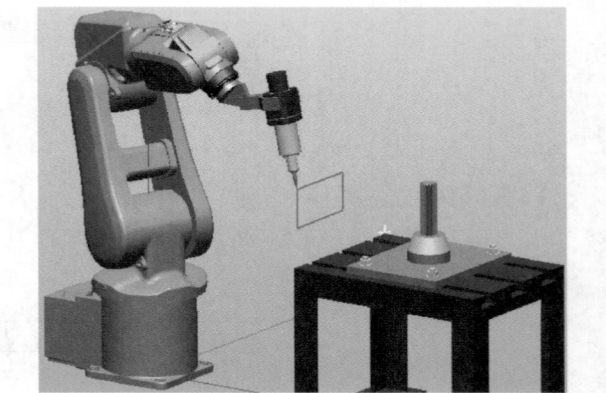

图 6-77　创建名为 m1 的程序模块完成的效果　　　　　图 6-78　运动轨迹

项目七
工业机器人编程实例

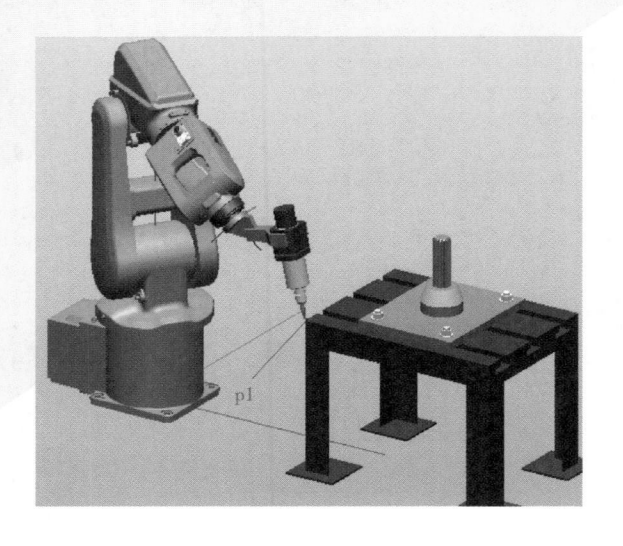

  工业机器人是面向工业领域的多关节机械手或多自由度的机器装置，通过编程控制使它能自动执行工作，例如在生产工程中解决了绝大部分的工艺，像点焊、弧焊、激光焊、上下料、打磨、去毛刺、滚边等，本项目带领大家一起来动手编程，让我们的机器人动起来！

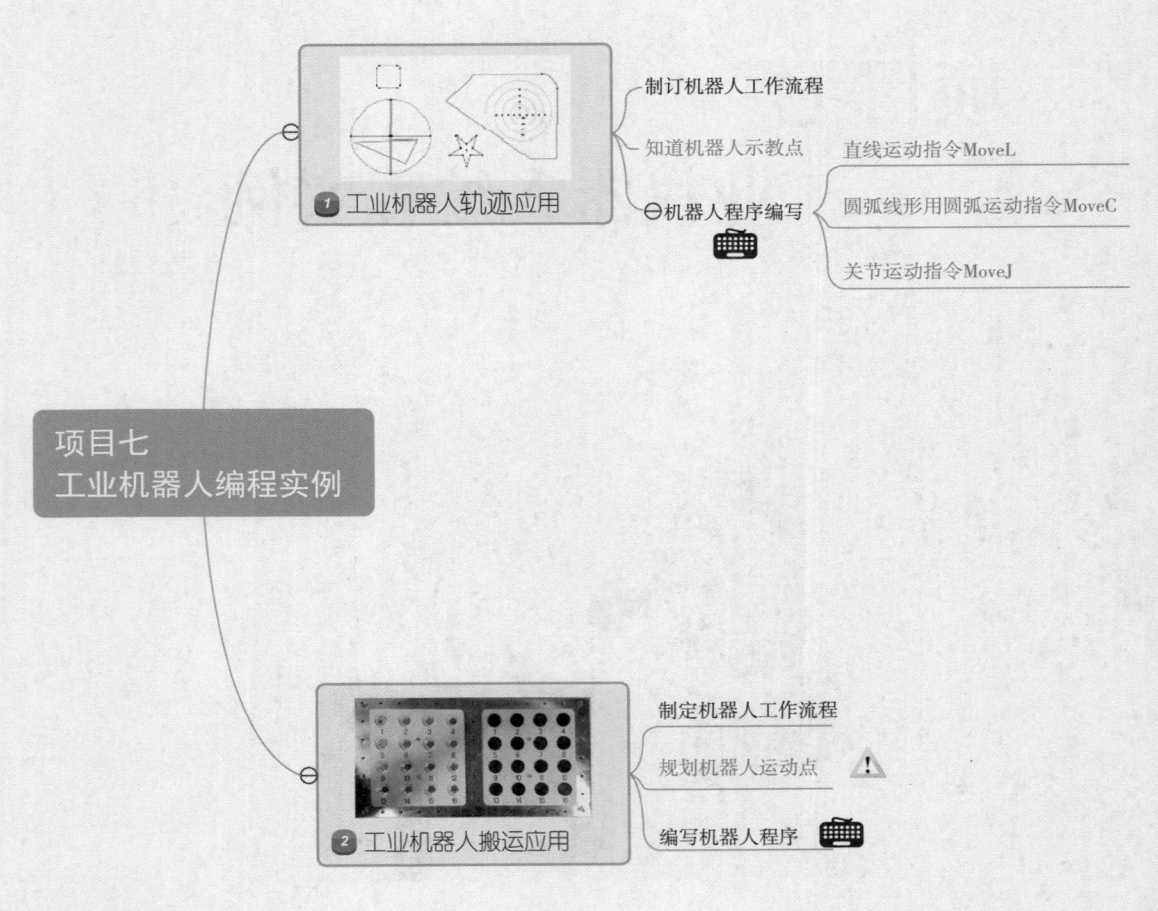

制订机器人工作流程

知道机器人示教点

机器人程序编写

直线运动指令MoveL

圆弧线形用圆弧运动指令MoveC

关节运动指令MoveJ

1 工业机器人轨迹应用

项目七
工业机器人编程实例

制定机器人工作流程

规划机器人运动点

编写机器人程序

2 工业机器人搬运应用

红色： 重点

难点

操作

任务一　工业机器人轨迹应用

📺 情景导入

在工业机器人的实际应用中，走轨迹是最基础、最常见的应用，比如焊接、涂胶、码垛、搬运等。学习工业机器人描图绘图是为了学会编程让机器人沿轨迹路径运动。

比如，现在有一个企业，需要使用机器人在产品上绘制 5 个五角星，那么，五角星的轨迹路径需要编程实现。

📡 学习目标

知识与能力目标	1. 熟练使用机器人运动指令。 2. 熟练掌握机器人编程与调试技巧
素养目标	1. 遵守机器人编程规范，养成规范意识。 2. 同学分小组完成任务，协调亲和，共同进步。 3. 运动轨迹不断完善，强化精益求精的工作态度

🤜 任务描述

编写机器人程序，调试运行程序，使机器人绘图笔沿着描图绘图工作台模型上刻画的图形轨迹运动，图形轨迹如图 7-1 所示。

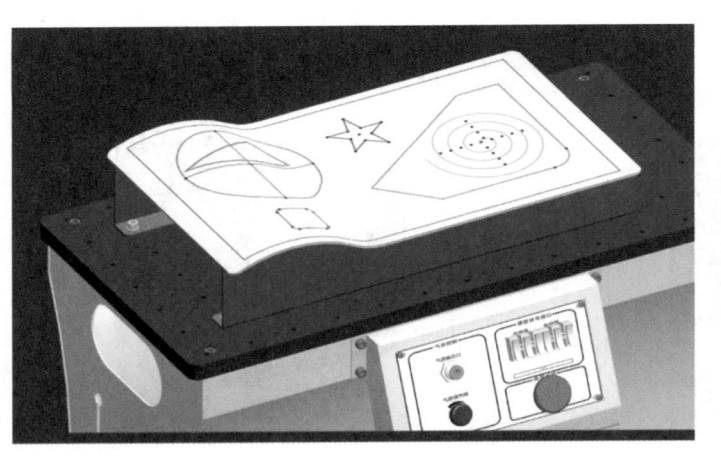

工业机器人描图
绘图应用

图7-1　图形轨迹

任务分析

要编写程序绘制出如图 7-1 所示绘图板上呈现出的各种图形，需要选择合适的运动指令，图 7-1 中右侧的 3 个图形（绿色多边形、黄色圆弧和紫色五角星）是在平面上绘制，直线线形用直线运动指令 MoveL，圆弧线形用圆弧运动指令 MoveC，剩下的轨迹如果对轨迹精度要求不高的情况下可以用关节运动指令 MoveJ。而对于图 7-1 中左侧的几个图形，是在弧面上描绘，需要增加示教点数以确保轨迹准确。

任务实施

1. 工具坐标系创建

在轨迹应用中，使用笔型工具来进行描图操作。将工具坐标系原点及 TCP 设在笔型工具尖端，如图 7-2 所示。

为此工具创建工具坐标系 tool1，其原点位于笔型工具尖端，其 Z 方向为工具末端延伸方向。接着需要在工作站中确定一个固定参考点作为标定参考。

在手动操纵窗口中，创建工具数据，名称为 tool1，然后在定义界面中，将"方法"设定为"TCP 和 Z，X"，点数默认为 4，进行 TCP 标定，如图 7-3 所示。

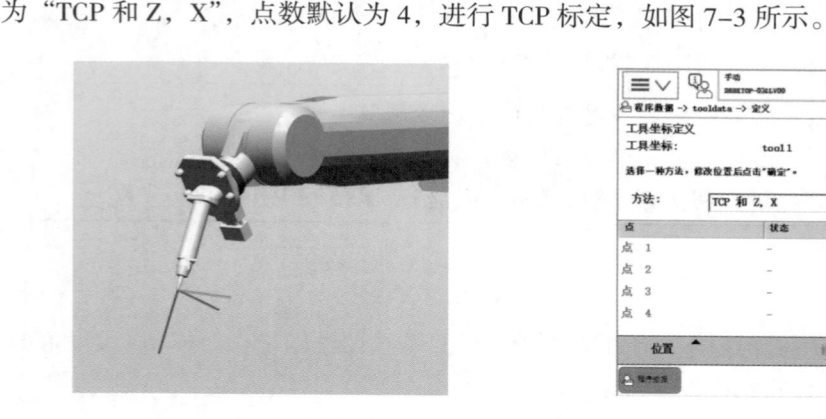

图7-2　笔型工具尖端

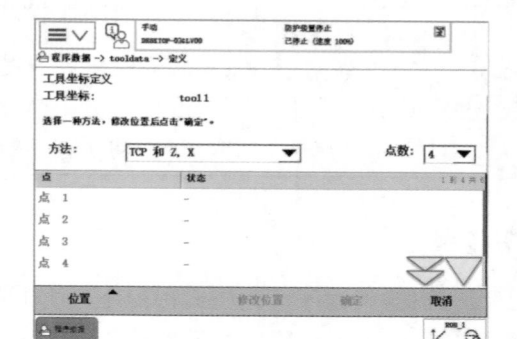

图7-3　TCP标定设置界面

固定参考点示教 4 个点位，分别如图 7-4 所示。

（a）

（b）

图7-4　固定参考点示意图

（c）

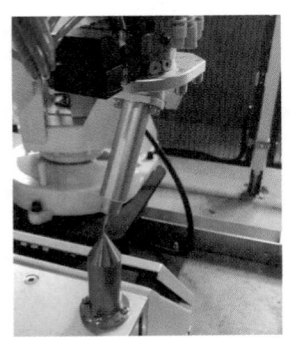

（d）

图7-4 固定参考点示意图（续）

接下来标定工具坐标系方向，由于本任务中使用"TCP 和 Z，X"方法，所以还需要标定延伸器点 X 和延伸器点 Z，如图 7-5 所示。

（a）

（b）

图7-5 延伸器点X和延伸器点Z

2. 制订机器人工作流程（见图 7-6）

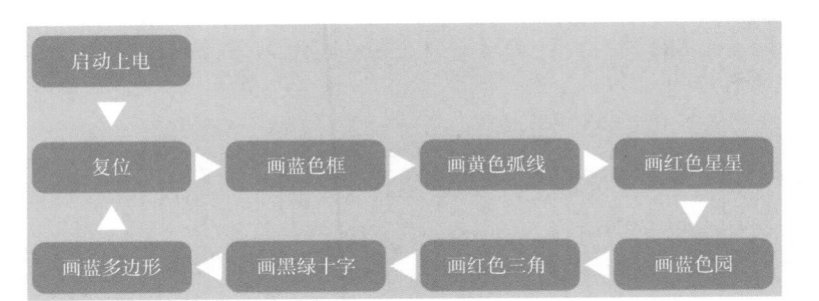

图7-6 机器人工作流程

3. 知道机器人示教点

以五角星轨迹来举例，机器人程序中需要示教的点如图 7-7 所示。

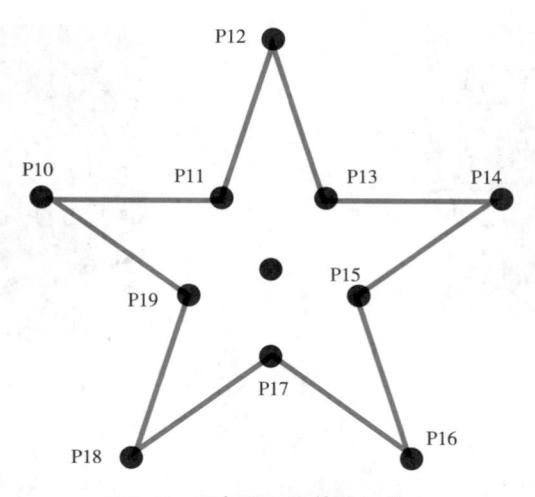

图7-7 五角星图案轨迹示教点

4. 机器人程序编写

以五角星轨迹来举例编写程序，其他图形轨迹的程序不再一一列举。

（1）主程序

```
PROC main()
  rInitall ;                      //初始化
  WHILE TRUE DO
    IF di5=1 THEN                 //外部开关触发机器人启动
    rP ;                          //五角星子程序
    rHome ;                       //回原点子程序
    ENDIF
  WaitTIME 0.3 ;
  ENDWHILE
  END PROC
```

（2）初始化子程序

```
PROC rInitall()
  Accset 100，100 ;
  Velset 100，5000 ;
  rHome ;
ENDPROC
```

（3）五角星轨迹子程序

```
PROC rP()
  MoveJ p10, v300, z1, tooll\wobj:=wobj1 ;
```

```
    MoveL p11, v300, z1, tool1\wobj:=wobj1 ;
    MoveL p12, v300, z1, tool1\wobj:=wobj1 ;
    MoveL p13, v300, z1, tool1\wobj:=wobj1 ;
    MoveL p14, v300, z1, tool1\wobj:=wobj1 ;
    MoveL p15, v300, z1, tool1\wobj:=wobj1 ;
    MoveL p16, v300, z1, tool1\wobj:=wobj1 ;
    MoveL p17, v300, z1, tool1\wobj:=wobj1 ;
    MoveL p18, v300, z1, tool1\wobj:=wobj1 ;
    MoveL p19, v300, z1, tool1\wobj:=wobj1 ;
    MoveL p10, v300, fine, tool1\wobj:=wobj1 ;
ENDPROC
```

（4）回原点子程序

```
PROC rHome()
    MoveJ pHome, v300, fine, tool1\wobj:=wobj1 ;
ENDPROC
```

注意事项:

其他图形的程序基本与五角星程序相同，需要注意的是：曲线用 MoveC，直线用 MoveL，一般情况下用 MoveJ，速度不要太快。

任务评价

对任务实施的情况进行评价，见表 7–1。

表7–1　任务评价表

序号	主要内容	考核要求	评分标准	配分	得分
1	机器人工作流程设计	流程完整，制定合理	1. 流程制定不合理，每个流程扣 3 分。 2. 流程制定不完整，扣 5 分	20	
2	机器人程序编写	逻辑正确，轨迹流畅	1. 操作机器人动作不规范，扣 5 分。 2. 机器人不能完成图形描绘，每个轨迹扣 10 分。 3. 机器人轨迹描绘不精确，每个图形扣 5 分	50	
3	机器人点位示教	点位正确，示教精准	1. 机器人点位出错，扣 3 分。 2. 机器人示教不准确，每个扣 1 分	20	
4	安全文明生产	劳动保护用品穿戴整齐；遵守操作规程；讲文明礼貌；操作结束要清理现场	1. 操作中，违反安全文明生产考核要求的任何一项扣 5 分，扣完为止。 2. 机器人发生碰撞，直接扣完分值。 3. 穿戴不整洁，扣 2 分；设备不还原，扣 5 分；现场不清理，扣 5 分	10	
合计				100	

任务二　工业机器人搬运应用

情景导入

工业机器人搬运作为工程领域一个非常重要的项目，被广泛应用在诸如仓储、物流、食品药品等制造加工行业。

学习目标

知识与能力目标	1. 掌握常用 I/O 配置。 2. 能熟练使用偏移功能和条件逻辑判断等指令。 3. 能熟练调试搬运程序
素养目标	1. 在制定工作流程时，注意程序运行节拍，养成效率意识。 2. 在操作设备过程中，强化规范操作意识和安全意识

任务描述

物块搬运模型如图 7-8 所示，有两个正方形形状的物料底盘，底盘的每个物料间距离是 50 mm。要求编写程序，调试机器人，将物料底盘 A 对应编号的物块搬运到物料底盘 B 的对应编号位置。

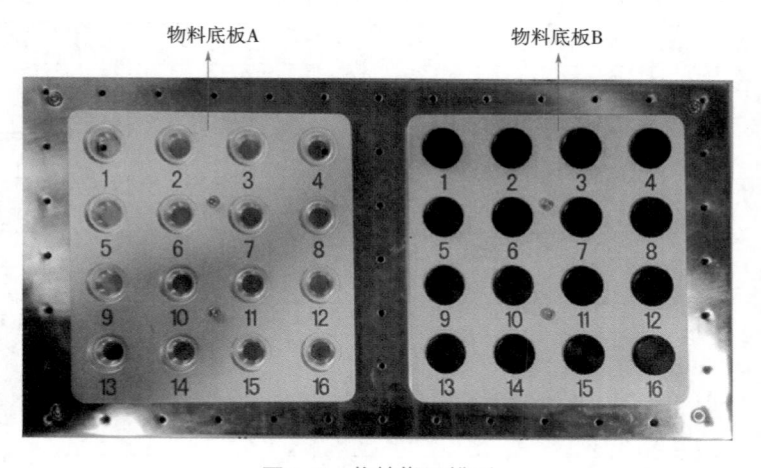

图7-8　物块搬运模型

任务分析

要完成将物料底盘 A 对应编号的物块搬运到物料底盘 B 的对应编号位置。首先搬运 1 个物块，从底盘 A 搬运到底盘 B；然后搬运一行物块，从底盘 A 到底盘 B；最后将底盘 A 上所有物块全部搬运到底盘 B 的对应编号位置。物块的搬运动作要合理使用运动指令，用 I/O 控制指令实现物块的吸取和放置，并且需要配合延时指令确保动作吸放的位置精准。多个物块的搬运过程中，使用逻辑控制指令实现循环搬运功能。

任务实施

1. I/O 信号创建

在本应用中，需要用到的 I/O 信号较少，只需创建一个数字输出信号作为搬运吸盘动作信号。工作站中使用的是标准 I/O 通信板 DSQC652，默认地址为 10，利用该板的第一个数字输出端口作为搬运吸盘的控制信号 do1。

DSQC652 对应属性如图 7-9 所示。

使用来自模板的值：	DSQC 652 24 VDC I/O Device ▼
参数名称	值　　　　　　　　　　　1 到 5 共 19
⌨ Name	d652
Network	DeviceNet
Address	10

图7-9　DSQC652对应属性

do1 对应属性如图 7-10 所示。

参数名称	值　　　　　　　　　　　1 到 6 共 10
⌨ Name	do1
⌨ Type of Signal	Digital Output
Assigned to Device	d652
Signal Identification Label	
⌨ Device Mapping	0
Category	

图7-10　do1对应属性

2. 制定机器人工作流程（见图7-11）

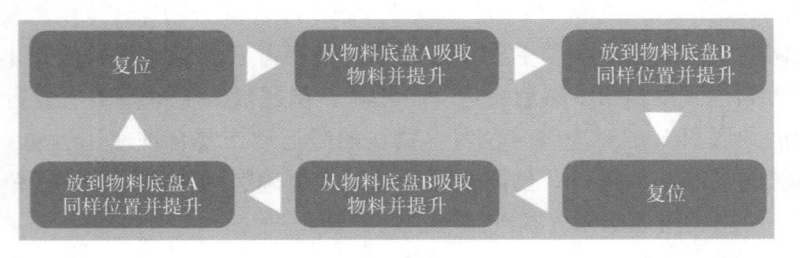

图7-11 机器人工作流程

3. 规划机器人运动点（见图7-12）

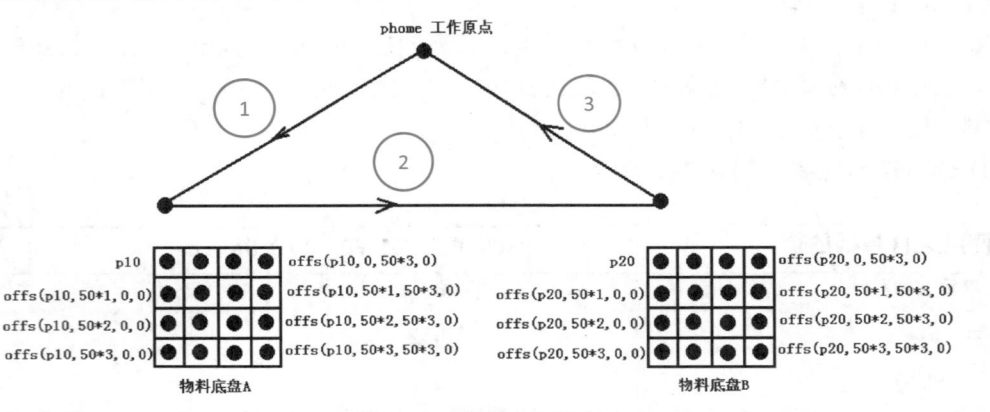

图7-12 机器人运动点

4. 编写机器人程序

（1）主程序

```
PROC MAIN()
  rInitAll();          // 初始化
  AB();                // 物料底盘 A 到物料底盘 B 程序
  BA();                // 物料底盘 B 到物料底盘 A 程序
ENDPROC
```

（2）初始化程序

```
PROC rInitAll()
  AccSet 100, 100;
  VelSet 100, 500;
  Reset do1;           // 复位电磁阀
  r1=0;
  r2=0;
  rHome;               // 机器人回到原点
```

```
ENDPROC
```

（3）物料底盘 A 到物料底盘 B 程序

```
PROC AB()
        by1:
        WHILE r1 < 4 DO
                IF r2 < 4 THEN
                        rBY;
                        Incr r2;
                ELSE
                        Incr r1;
                        r2:=0;
                ENDIF
                GOTO by1;
        ENDWHILE
ENDPROC
```

> 小提示：
> Incr：加1操作

其中，rBY() 子程序如下：

```
PROC rBY()
        MoveJ Offs(p10,r1*50,r2*50,80), v1000, z50, tool0;
        MoveL Offs(p10,r1*50,r2*50,0), v1000, fine, tool0;
Set do1;
WaitTime 0.5;
        MoveL Offs(p10,r1*50,r2*50,80), v1000, z50, tool0;
        MoveJ Offs(p20,r1*50,r2*50,80), v1000, z50, tool0;
        MoveL Offs(p20,r1*50,r2*50,0), v1000, fine, tool0;
Reset do1;
WaitTime 0.5;
        MoveJ Offs(p20,r1*50,r2*50,80), v1000, z50, tool0;
ENDPROC
```

（4）物料底盘 B 到物料底盘 A 的程序

该程序与从物料底盘 A 到物料底盘 B 类似，这里不再详述。

（5）回原位程序

```
PROC rHome()
MoveJ phome, v500,fine ,tool0;
ENDPROC
```

> 小提示：
> phome：目标点位置数据
> V500：运动速度数据，500 mm/s
> fine：转弯区数据
> tool0：工具数据

任务评价

对任务实施的情况进行评价，见表7-2。

表7-2　任务评价表

序号	主要内容	考核要求	评分标准	配分	得分
1	机器人工作流程设计	流程完整，制订合理	1. 流程制订不合理，每个流程扣3分。 2. 流程制订不完整，扣5分	20	
2	机器人程序编写	I/O信号配置正确，逻辑合理，轨迹流畅	1. 操作机器人动作不规范，扣5分。 2. I/O信号配置不能正常使用，每个扣5分。 3. 机器人运行过程中逻辑判断错误，每处扣5分。 4. 机器人不能正确完成物块的拾取与放置，每个物块每个动作扣2分	50	
3	机器人点位示教	点位正确，示教精准	1. 机器人点位出错，扣3分。 2. 机器人示教不准确，每个扣1分	20	
4	安全文明生产	劳动保护用品穿戴整齐；遵守操作规程；讲文明礼貌；操作结束要清理现场	1. 操作中，违反安全文明生产考核要求的任何一项扣5分，扣完为止。 2. 机器人发生碰撞，直接扣完分值。 3. 穿戴不整洁，扣2分；设备不还原，扣5分；现场不清理，扣5分	10	
合计				100	

 练习作业

1. 简述机器人程序编写与调试的主要步骤。

2. 如何修改机器人程序中需要更改的目标点？

3. 在使用I/O控制指令时要注意什么？

4. 自行完成任务一中其他图形的轨迹描绘，并确保调试运行无误。

5. 自行完成任务二中从物料底盘B到物料底盘A的搬运任务，并确保调试运行无误。